# 我要爆數

## 讓客戶瘋狂下單的關鍵

### 東尼 作品

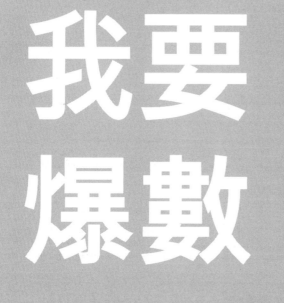

我要
爆數

東尼
作品

# 推薦序 一

　　認識 Tony 是在他撰寫第二本著作《爆數密碼》時，我是他其中一位訪問嘉賓，到今天他出版第五本作品，時間橫跨了八年，感覺好像在看一個真人騷，見證著 Tony 由當年的一位作家、銷售員，一步一腳印地走到今天，成為了一位創業者、一位桃李滿門的導師。

　　自從《爆數密碼》的訪問之後，再見 Tony 之時，是他為時昌迷你倉的客服人員做培訓，察覺到 Tony 少了一份稚氣，多了幾分穩重，上課談笑風生，遊刃有餘。經 Tony 培訓後，客服人員預約客戶參觀的成功率，平均提升了 19%，最高增長的同事增長了 43%，為公司提升了競爭力。

　　祝願 Tony 新書大賣，也祝願更多創業者透過此書，找到自己的成長之道。

**時景恒**
時昌迷你倉

# 推薦序 三

在 Tony 告訴我要出版他第五本銷售著作,並邀請我為他寫序時,我心中不禁想:「有冇咁多嘢寫呀?」能夠圍繞銷售這個主題,多年來不斷分享,而且時常有新觀點、新資訊,唯一解釋是他的確把銷售研究得通通透透。在香港,若論對銷售技巧之精通,我相信無人能出 Tony 其右。

無論讀 Tony 的書,還是看 Tony 的 YouTube 影片,總是被他邏輯性的分析,以及通俗貼地的演繹所吸引,即使我在保險業有二十多年經驗,但還是每每能在 Tony 的分享中吸取新養份,任何從事銷售的人,如能多看 Tony 的分享,成績該不會差到哪裏。

預祝 Tony 新書身體力行,銷量爆數!

**周榮佳**
友邦香港高級資深區域總監

大約兩年前,我邀請了 Tony 擔任我公司銷售培訓項目的教練。Tony 以他獨特的方式傳達了對銷售的熱愛和專業知識,他的教學方法總是充滿活力和互動,讓學員深深融入其中。

在我們的銷售培訓項目中,Tony 不僅闡述了線上和線下銷售的重要性,還強調了建立人與人之間的連結和建立信任的關鍵。他的教學方式不僅傳達了理論知識,還通過實際案例和角色扮演活動讓我們深入理解並運用所學。

Tony 將他過去的經驗和心得結集於此書,涵蓋了各個方面的銷售技巧和策略。他深入探討了個人品牌成長建立、社交媒體行銷、面對面溝通、產品展示和銷售話術等關鍵話題,為讀者提供了豐富的智慧和洞察。

我深信這本書將成為您銷售旅程中的寶貴資源,而 Tony 的獨特觀點和熱情將成為您的良師益友。讓我們一起探索這個充滿機遇的銷售世界,實現自己的目標,並成為頂尖銷售精英。

**鄭英揚**

中國人壽(海外)首席代理人總監

# 推薦序 四

　　首先感謝 Tony 邀請，讓我為這本書寫序。作為地產代理界別的從業員，相信這書定能為正在做銷售的同事幫上不少忙。

　　作者透過分享自身的經驗和見解，深入探討了溝通技巧、創業心得、學習方法以及成功關鍵等主題。分享了關於溝通、創業、學習和成功的寶貴見解。這些觀點不僅來自於作者自身的親身體驗，更蘊含了對於人生和事業的深刻理解。

　　書中提到了許多重要觀念，例如在溝通時將結論放在開頭、如何運用閱讀學習知識、創業前的準備、以及必須放棄的客戶等。這些觀點不僅提供了實用的方法，更引發了讀者對於自身行為和思維方式的反思。另外作者用詞簡單直接，激勵讀者勇敢追求夢想，勇於面對挑戰，並不斷超越自我，走向更加充實和成功的人生之路。

　　透過這本書，讀者可以學習到如何有效地溝通、如何提升自己的能力、如何在創業過程中應對挑戰，以及如何建立成功的工作和生活模式。這本書不僅是一本充滿智慧和啟發的指南，更是一本引領讀者探索自我、提升自我、實現自我價值的指南。

**李峻銘**

世紀 21 奇豐物業顧問行主席

　　我係一個對做銷售好有興趣嘅人，可能因為我人生第一份工作，就係喺電台嗰度做營業員，而我認識 Tony，係因為好耐之前已經開始睇佢啲片，睇佢啲書，然後有一日，我自己主動私訊佢，由嗰一日開始，大家成為咗網友。

　　疫情期間，我搵過佢去做導師，教導一吓我自己公司做緊 Sales 嘅同事，例如點樣做 Cold Call，點樣處理客戶異議，點樣成交等等，佢做得好好。

　　兩年前，我要籌備一個節目，叫做《360 秒人生課堂》，我邀請佢成為演講嘉賓，希望佢用佢做銷售嘅故事，鼓勵同激勵一班仍然做緊前線工作嘅觀眾，最後，佢都係做得好好。

　　香港其實有唔少主力教大家做銷售嘅老師，但係如果喺實用性、貼地、即時運用到呢幾個範疇去睇，喺我嘅心目中，Tony，肯定係最好之一。

　　睇緊呢本書嘅你，我好相信只要你真係去運用佢教你嘅方法，不斷學習，不斷嘗試，最後一定可以令到你嘅銷售工作，做得更加好，爆人爆數！

**阿 Bob 林盛斌**

香港著名藝人

# 推薦序 六

　　我在未正式跟 Tony 見面前，聽林盛斌 Bob 說 Tony 的培訓好到位，能夠幫助激勵員工士氣，當時，我已好奇 Tony 是什麼人，所以開始在社交平台上關注他，看過他的影片、文章後，不僅認同他的銷售觀念和手法，Tony 的最大特式，就是他的教學不是教你什麼大道理，而是講求效率，有沒有用，用不用得上，才是最重要！因此也喚起了我過去在前線工作時，不少已遺忘的點滴。

　　到正式認識 Tony 後，我更加確信他在銷售學問上的熱情和專業，Tony 告訴我他的新著作即將出版，並邀請我為此書撰序，在此我除了預祝新書大賣外，也祝願每位銷售人員，在閱讀過此書後，利用書中的心法和技巧，提升業績，日日爆數！

**Alvin Leung 梁健恒**

琥珀集團創辦人

我是在抖音認識 Tony 的,事原我在刷抖音時,無意中看到 Tony 的短視頻,他在視頻中分享銷售技巧,講得頭頭是道,便果斷點擊「關注」按鈕,接下來連續看了不少 Tony 的視頻,更被他對銷售的熱情所打動。

我在香港、澳門和內地從事地產代理逾 40 年,於美聯集團由營業員到加入董事局,以我們這種身經百戰的銷售悍將,任何個案來到我的手上,都總會處理得妥妥當當,然而這一身武藝即使能揮灑自如,但若要我把它總結起來,再分享給同路人,總是有千言萬語不知從何說起之感,亦因此我才更加欣賞 Tony 把銷售講得如此生動落地的本領。

跟 Tony 相逢雖恨晚,一見竟如故,這是 Tony 的第五本作品,有幸為此書撰序,但願此書能影響各行各業更多的銷售人員,提升自身專業性,成為客戶眼中的最佳銷售人員。

**張錦成**
前美聯集團執行董事

# 作者序

2014 年，電子書版的《爆數——香港人的銷售天書》正式出版，那時的我絕對想像不到，這本書對我往後的人生有那麼大的影響。匆匆十年，這十年間我結了婚、生了兩個孩子、創了業，人一生最重要的幾個決定，我都在這十年裏做了，驀然回首，幸而大致上都做對了決定。

看著自己過去的幾本作品，感覺是貼地有餘，功力不足，文字雖通俗易懂，但內容深度未夠。沒辦法，即使是 2020 年出版的《爆數秘笈》，那時我還在打工，在我的世界觀裏，銷售就是面對面跟客戶互動的過程，當然這是重要的過程，但明顯那時我對銷售的理解比較單一。

直至我創業後，我的位置改變了，接觸的人和事都改變了，對銷售又有另一番詮釋，尤其是我在網上創業，加上遇上新冠疫情，跟客戶面對面接觸機會減少，更催生了我在網上銷售的能力，感恩自己過去在做實體銷售時，打下了紮實的基本功，所以才能快速掌握。同時，創業後的思維、心態、人生觀都出現了變化，這些雖然都不是直接跟銷售有關，但人活在世上，

不就是為了過好這一生嗎？財富、功名利祿、幸福，都是良好心態和人生觀下的副產品而已。

　　因此這本書除了會一如我過去的作品，分享貼地實用的銷售技巧外，也會分享網絡營銷、創業、及個人成長等題目，希望將自己不斷成長的經驗分享給每一位讀者，令大家不止在銷售能力，還要在人生各個範疇獲得提升。在此我感謝為出版此書貢獻過力量的每一位，包括出版社的戰友們，為我寫序的（排名不分先後）時景恒先生、周榮佳先生、鄭英揚先生、李峻銘先生、林盛斌先生、張錦成先生和梁健恒先生，感謝你們一直在我身邊，成為我的良師好友。

　　現在，就讓我們一起爆數。

**爆數 Tony**

2024 年 5 月

# 目錄

## 第一章　爆數準備

## 第二章 銷售技能 UP

## 第三章 創業者吸客策略

## 第四章 成交關鍵

第一章 爆數準備

# 2024 對抗經濟逆境 3 個重要思維

　　踏入 2024 年，首先要告訴大家一個壞消息，大家可能即將會越來越窮。大家都知道香港的經濟環境，政府宣佈財赤過千億，如果今年你用過去的方法、過去的思維賺錢，很大機會你會比以前窮，正正在經濟逆境之下就更加要發奮圖強。如果你想在經濟逆境之下逆流而上，甚至比以前賺得更加多，就要細讀我在本篇分享的三個思維。

## 風險思維

　　如果我問大家：「你靠什麼賺錢？」你會如何回答？專業？服務？技術？這些我統稱為個人技能，如果你是初出社會做事的人，以個人技能賺錢是很合理，但如果你已有一定的社會經驗，就不能只靠個人技能來賺錢，應該靠另一種事物，該事物叫「風險」。

　　風險大，回報高。這個道理大家都明白，那麼倒推賺錢少的原因，便是不願意承擔風險。大家不要誤會，我不是鼓勵大家盲目進行高風險投資，甚至是賭博。而是想大家回看過去的人生，有沒有為自己做過一些進取大膽的決定？如果你是打工

仔，你有沒有曾經出現一種想法，你老闆明明不比你聰明、讀書也沒有比你多、又不夠你精明，但偏偏做了你的老闆。原因是他願意承擔創業的風險。所以他今日可以請你打工、可以比你豐衣足食，這就是他願意承擔風險的回報。

> 網上流傳一個故事，是關於鴻海集團創辦人郭台銘。故事的真實性我不確定，但對於解釋用風險賺錢的概念很有幫助。話說鴻海集團的一位工程師，有天問郭台銘：「為何每天做到筋疲力盡的人是我，但賺大錢的人是你？」郭台銘淡然地回應：「因為三十年前我賭上全副身家來建立鴻海，而你只是寄出幾份履歷表來鴻海上班，而且隨時可以離開。」這個故事說明，你賺多少錢，取決於你可以承擔多少風險。

在此我要提醒大家一句，創業是高風險投資，在你還未可以冒大風險之前，你可以透過一些小風險來賺錢，例如轉工、轉行、兼職創業。固守原地不冒風險就不會有突破，2024 年思考一下，自己可以冒什麼合理而又可承受的風險，令自己多賺一點錢。

## 結果思維

另一個大家在新一年要改變的觀念，就是不要以賣時間賺

錢，要以結果去賺錢。大部分的受薪工作都是賣時間，時薪、日薪、月薪等等，這種賺錢方法有兩個問題，第一，你的時間總量有限，因為一天最多二十四小時，就算你可以不停工作，賺錢的天花板已經被限制了。

賣時間的第二個問題，你的可替代性會很高，雖然每人每日都有二十四小時，但從另一角度思考，每人每日都有二十四小時，任何人都可以賣時間，所以可替代性很高。甚至當 AI 技術越來越普及之後，賣時間的可替代性就更高。所以大家不要賣時間，而是要賣結果，什麼是結果呢？就是你可以幫人解決什麼問題，解決問題不是用時間而是用方法，所以你可以擺脫被時間限制收入，而且當你可以解決的問題越大，你的收入便越高。

網上又有一個故事可講解這個觀念。話說有個人蛀牙，所以去找牙醫拔牙。他在治療椅上睡著了，三分鐘後醒來，牙醫已幫他拔了牙，收費一千五百元。病人跟牙醫說：「你賺錢很容易吧？三分鐘便賺了一千五百元。」牙醫回答說：「如果你不介意的話，我可以慢慢地幫你。」這個故事帶出的概念，便是人是為了結果，為了解決問題而付費，跟你付出多少時間，沒半點關係。所以如果你想在 2024 年突破收入，便要想想自己如何幫人解決問題，可以為人帶來什麼結果。

## 認知思維

再講一個提升收入的思維，就是要透過提升認知去賺錢。我很同意一句說話：「你永遠賺不到認知範圍以外的錢。」所以在提升收入之前，先要提升認知，而提升認知的方法，不外乎是學習、思考、執行、檢討；再學習、再思考、再執行及再檢討，不斷重複這個過程。很多人每日埋頭苦幹工作，但是忽略提升自己的認知，以同一個認知水平日復日，年復年地工作。但這個世界每一天都在改變，不提升認知便會落後。情況好比用一部十年前出產的 iPhone 去玩今天的遊戲，看今天的影片，是完全應付不了的。

而講到什麼是認知，認知是很虛無的。因為認知是思維，思維是無形的事物，亦都很視乎你的專業範疇、人生階段，需要什麼程度的認知。例如我，我需要的認知是銷售邏輯、商業模型、流量思維、富人思維等等，在這些方面我一直有透過不同的學習、觀察、思考去提升我的認知，因為我知道提升收入之前要先提升認知。

2024 年大家試試建立一個提升認知的習慣，展望 2024 年經濟無論上行或是下行，你本人一定要上行，好嗎？

# 最有效的閱讀方法

　　很多讀者都想了解我閱讀的習慣，以及如何運用閱讀所學的知識。確實我是一個很喜歡學習的人，因為我相信一個觀念，就是當你提升了自己之後，問題會變得容易解決，甚至不存在。

　　你一定試過曾經被一些問題困擾，使你很煩躁，甚至覺得這個問題，靠你自己根本沒有辦法解決。但當你去詢問其他人時，原來這些問題，對他來說是很輕而易舉就能解決的。所以重點不在問題，而是你的能力水平，當你的能力提高了，問題已經不再是問題了。當然我們不可能事事皆精，有些問題我們可以尋求幫助，但亦有些問題必須自己面對，所以我們便要透過不斷學習去提升自己的能力。而我學習其中一個主要方式就是閱讀。本篇分享我的閱讀習慣，希望啟發到每一位，有志令自己變得更加好的朋友。

## 最大好處是可以隨時開始

　　透過閱讀去學習，最大好處是可以隨時開始，生活上任何的碎片時間，都可以用來閱讀，而且時間長短有彈性。你想讀五分鐘可以，想讀一小時也可以，視乎你的時間如何。我自己

對閱讀都有一點堅持，我每天回到公司，都有一個早讀時間，大概是半小時。閱讀是我每天工作的起點，如果當日工作比較繁忙，早讀的時間會減少到二十分鐘、或者十五分鐘，但是我一定會閱讀。因為我視閱讀和學習，是我生活上面的必需品。很多人是等到自己有時間才去學習，但是學習應該是一個優先處理項目，並不是有空才去做，所以我每天都會安排時間去閱讀、令自己保持進步。

## 閱讀工具書的方法

我閱讀的目的通常是為了學習，所以我很少讀小說、散文，主要讀工具書。這類書會帶給你很多新知識、新技巧。而我讀到這些新知識、新技巧時，我會在腦海之中連結一些過去的經驗，嘗試在腦海中，將這些新知識、新技術運用一次。

假設我讀一本關於銷售技巧的書，如果我讀到一些新的銷售技巧，我會立即放下書本，然後回想過去的經驗。想像一下如果當時我運用這個新技巧，我會如何去處理這個客戶呢？他可能會如何回答我呢？會否出現不同的結果呢？這種連結過去經驗的做法，不是別人教我的，我是從大量閱讀之中，不自覺養成的習慣。而我覺得這種做法，可以幫助我將新知識內化，從而可以實際運用出來。

在網絡盛行，資訊碎片化的年代，人們對於閱讀的耐性越來越低，甚至有些人在 YouTube 看一段二十分鐘的說書影片，便自我感覺良好地認為自己閱讀了一本書，但試問你能在一段電影解說影片內，觀察到演員的精湛演技、導演的巧妙佈局嗎？我們可以用不同方法提升閱讀的效率，但不能省略閱讀的過程。我建議大家可以利用這些說書影片，作為你篩選書本，以及導讀的工具，在看過說書影片，對書本有初步了解後，才完整觀看書本，能加快你掌握書本的內容，吸收當中的養分，當你越容易在閱讀中找到樂趣，你便越容易養成閱讀的好習慣。

# 自命懷才不遇？
# 真相令你崩潰

有一次跟一位健身教練聊天，他向我抱怨，有些健身教練其實對健身、營養有關知識不是很熟悉，不過他們口才好，擅於包裝及宣傳，所以便收到很多學生。言下之意我這位健身教練朋友的收生情況不是很理想。這種認為自己有實力，但得不到回報的人，我會用一個四字成語形容——懷才不遇。

大家會否有時認為自己懷才不遇？後來我跟教練講了一個故事，講完後他不但沒認為自己懷才不遇，反而明白了根本原因是什麼。

和大家分享兩位名人的故事，一位是梵高，一位是畢加索。相信大家也認識他們，他們都是偉大的藝術家，他們的分別在於，一個貧窮、一個富有。梵高是荷蘭後印象派的畫家，二十七歲開始了繪畫的生涯，後來飽受精神病折磨，在三十七歲時自殺身亡。十年的繪畫生涯當中，梵高有近二千幅畫作，很可惜，他只成功賣出過一幅，價值四百法郎，所以他非常貧窮。諷刺的是，他死後，畫作才被人欣賞。他最值錢的作品在拍賣行的成交價，是 8,250 萬美元，相等於 6 億港幣。可惜的

是，這些錢和梵高一點關係也沒有。梵高的人生，以懷才不遇來形容也很貼切。

而畢加索則剛剛相反，他非常富有。九十歲離開世界時，有人估算過他的遺產，至少以百億計。他有 7 萬幅畫作、豪宅、大量現金，同樣極具天賦的藝術家，為何他們的命運會相差甚遠？梵高和畢加索的繪畫造詣都是天才級別。如果我們退後一步，宏觀點看，他們專業能力高，但專業能力高不等於賺錢多。

畢加索為何賺到錢？因為他不但會繪畫，更會銷售。他懂得以不同門路宣傳自己，增加自己的知名度。例如他初到法國時，沒有人認識他，他就出錢請一些大學生，在課餘的時候逛畫廊，逛完後就問畫廊老闆，問他有沒有畢加索的作品。畫廊老闆根本不認識畢加索，自然沒有賣他的作品。但這個情況一而再，再而三發生，在畫廊圈子裏，就開始有人談論畢加索，好像有很多人想購買他的作品，從銷售角度說，這叫創造需求。而藝術品的價值，本來就是極具主觀性的產品。當藝術家知名度越高，他的作品價值亦越高。

回到主題，其實懷才不遇非真的懷才不遇。而是懷才不足，因為你只具備專業能力而沒有銷售能力，所以便懷才不足。因此一個健身教練即使能力再高、攝影師技術再高超、設計師美感再好，殘酷的現實告訴我們，這樣不足以賺到錢，你還要懂

得銷售，把自己及自己的產品銷售出去。當你擁有銷售技能時，你就不會再說懷才不遇。

# 只能提款，
# 不能存款的銀行

　　大家有沒有聽過人情銀行？這間銀行很特別，它跟匯豐、恒生、中銀、渣打不一樣。人情銀行是沒有實體的分行或櫃員機，甚至連虛擬的網上銀行也沒有，它是存在於每一個人的心中。你有、我有、每個人也有，最特別是這間銀行不接受存款，只接受提款。那就是指你不可以存款，但可以提款。沒錯，就是如此划算！因此如果你懂得經營人情銀行，你就有源源不絕的錢可以提取。那麼如何經營人情銀行？如果不可以存錢，又可以存什麼進去？

　　所謂的人情銀行，其實便是每個人內心，對他人的感覺、看法、認知等等。當我們在他人心中，建立了某種感覺、看法、認知時，就好像在人情銀行存入了一筆款項一樣。當你一直存入，累積越來越多的時候，直到某天你便可以提款。那就是對方會以他的方式，金錢或非金錢去報答你，這就是人情銀行的運作模式。簡而言之就是「先付出、後回報」，好像一般的銀行，如果你不存款又如何提款呢？

雖然我們一直以存款來形容，事實上我們在人情銀行存入的，並非金錢，那應該存些什麼？

## 第一樣你要存入人情銀行的是：信任

大家都清楚信任是人際關係的基石。以銷售為例，每個推銷員都會稱讚自己的產品，作為消費者，我們以什麼基礎判斷應否購買？自然是根據你對推銷員的信任度，尤其是著重人際關係的銷售行業，例如保險及直銷。他們銷售是否成功，視乎在其他人眼中能否建立信任。

信任是人情銀行很重要的一部分，因此留意自己在他人眼中是否值得信任，你是不是一個言出必行、言而有信的人？你的一舉一動都是在他人的人情銀行中存錢。

## 第二樣你要存入人情銀行的是：價值

人與人之間無可避免要用許多價值維繫，甚至可以說，價值是維持人際關係的最重要元素，價值又代表什麼？我會解釋為，一些幫助其他人的經驗。例如朋友需要設計網站，而你又認識一位網頁設計師，你介紹他們相識，便同時提供價值給雙方，亦即在雙方的人情銀行存款。但注意幫人要有底線，要在自己能力內幫助一些值得幫助的人。

## 第三樣你要存入人情銀行的是：時間

所謂日久見人心，你給別人的感覺和印象，並不是一時三刻建立的，你不難發現，你最信任的人，不一定是能力最高的人，而是跟你相處時間最長的人。時間好比放大器，無論是你的優點和缺點，在時間面前都是無所遁形的。你的缺點在短時間內或許能掩飾得完美無瑕，除非你有決心將它改掉，否則終有一日它會暴露於人前，同樣地你的優點即使在短時間內未被發掘，在時間的推動下，它的光芒亦必定會在人前閃耀。

當我們堅持做一個言而有信，而且長時間不斷為其他人帶來價值的人，代表我們不斷在他人的人情銀行存款。當存款到了一定程度時，就可以提款。我們一生中也必定會在他人的人情銀行存款，分別只是存得多或少，存得快或慢。當然存得多及快，提款亦會多及快，大家有沒有想過如何存得快及多呢？

我認為社交網絡是個很有用的平台。以我自己為例，我每個星期發佈的 YouTube 影片，就是提升大家對我的信任，以及為大家帶來一些價值。那就是我每個星期，都在一千幾百個人的人情銀行存款，這在現實中很難做到的。

萬一正在閱讀這篇文章的讀者，你的人情銀行已經破產，可以怎樣做呢？若是如此，相信你過去的人生應該犯過很多錯誤，辜負過很多人的期望。破壞信任容易，建立信任困難，在

信任被徹底破壞後再重新建立，這是難上加難，所以每個人都應該將人情銀行的重要性，視作等同於真正的銀行，甚至更加重要，因為銀行裏的存款失去了還可以再賺，但人情銀行的存款失去了，有可能永遠地失去。

# 這 3 種東西
# 令你越買越有錢

相信大家都喜歡購物，但是購物時要花費，如果金額不小，也許你未必捨得，因為賺錢並不容易，花大錢當然會猶豫，這是人之常情。但如果我告訴你有三種事物，你越捨得花錢購買，你不但不會變窮，而且會變得越來越富有，你願意為這些東西大灑金錢嗎？

## 第一：買時間

時間是世界上最公平最珍貴的資源，無論你是什麼出身、什麼學歷、什麼階層也好，大家擁有的時間都是一樣的。一日二十四小時，一個星期七天，一年三百六十五日，不會多不會少，所以時間是最公平的。同時時間也是最珍貴的，因為一旦損失了時間，你是永遠沒有辦法追回的。所以如何運用時間，就決定了你的人生。

怎樣用錢買時間呢？就是用錢令其他人為你付出時間，做一些對你來說是低生產力的事。大家留意，對於你來說低生產力的事，不代表是一些沒有意義的事。例如你上班一個月有 10

萬元薪金，而如果你不上班，留在家裏處理家務，你可以為家裏節省 1 萬元聘請工人的開支。雖然處理家務都是很有意義的事，但是生產力不及你去上班，所以你應該用錢買時間，聘請別人幫你打理家務，將自己的時間投放在最有生產力的事物上。

為什麼用錢去買時間，會越買越富有呢？因為當你不斷將低生產力的事，用其他人的時間去做，代表你有越多的時間，去投入做一些高生產力的事。如果一個人每天八小時，都做他最擅長的事，而另一個人每天只有四小時做他最擅長的事，另外有四小時要他做不擅長的事，你認為最終哪一個人會越來越富有呢？所以不要吝嗇可以幫你買時間的錢，你越願意用錢買時間，反而會越買越富有。

在我營運 YouTube 頻道的早期階段，影片後製工作是由我自己負責的，原因是希望節省製作成本，但漸漸做著就發現，我並不擅長，同時亦不喜歡影片後製工作，我白白花了時間，影片水準又不好，這是一個雙輸的局面。後來我把影片後製工作外判給專業人士，節省了的時間可以令自己投入更具生產力的工作上，而且作品水平還可大幅提升。

## 第二：買知識

人生最值得做的投資，就是投資在你頸部以上，即是你的

腦袋。你的腦袋其實可以理解為你賺錢的引擎。你賺得多、賺得少，賺得快、賺得慢，完全取決於你的腦袋。擴闊認知等於擴闊收入，而擴闊認知的方法就是購買知識。買知識的方法不外乎是上課或者閱讀，透過吸取其他人的經驗、知識、技巧、思維、心態，去提升自己的認知範圍，認知層次。

買知識會令你越買越富有，因為你的認知擴大了，賺錢的方法多了，效率提升了。而且買知識的付出，都是一次性的，但這些知識為你帶來的收入，往往是持續性的。例如你報讀了一個課程，學習編輯影片，學費是一次性的開支，但運用學習的編輯影片技巧，去幫人編輯影片賺錢，這些收入是持續性的，所以你說買知識，是否會越買越富有？

我每天上班的第一件事，就是花半小時閱讀，有時是閱讀新購買的書籍，也會重溫已經閱讀過的書籍。閱讀我認為是性價比最高的買知識，一本書的售價多數在三位數以內，但如果你認真閱讀，你所獲得的回報，必定是高於售價數十倍。當然在我閱讀過的書當中，爛書也不在少數，但是我認為一本再爛的書，都總會有一兩段內容，甚至是一兩句內容對你有啟發性，這樣已經算值回票價了。

## 第三：買信譽

什麼是買信譽呢？就是一些容易令人信服自己的事物，例如獎項、榮譽、名銜、認證等等。大家不要聽到買信譽，就直接妖魔化這種行為，事實上很多信譽真的要用錢去獲得。例如產品為了符合某些認證制度，生產商必須投資在廠房生產線上，這種做法都是我所定義的買信譽。

當然買信譽都會有陰暗面的存在，例如買獎項、買學歷等等，這些行為是否應該做呢？大家自行判斷，若不幸被揭發，信譽可能立即破產。但為什麼這麼多人，願意花錢去買這些信譽呢？一方面可能要滿足虛榮心之外，另一方面更加重要的，他們知道花在信譽上面的錢，是可以令他們賺更加多的錢。因為金錢的本質就是信任，大家都知道你手上的現金或者銀行存款的結餘，他們的價值都建立在你的信任之上。你相信這些金錢能夠買東西，你相信這些金錢能支付給別人，所以你才會努力賺錢、保存這些金錢。同樣地，當你獲得越多人的信任，就越多人願意花錢在你身上。所以買信譽，尤其是真實的信譽，是真的會越買越富有。

其實我在買信譽上投資最多，但我並非購買獎項或專業資格，而是投資在個人品牌上，透過社交平台持續不斷地發佈內容，獲取他人的信任，這種買信譽真正付出的不是金錢，而是

時間和堅持。大家手上這本作品，也是我投資在信譽上的一部分。

# 奢侈品能提升自信嗎？

　　早前網上有一張圖片引起了很多人討論。這張圖片是取自 Bill Gates 和 Mark Zuckerberg 為哈佛大學拍攝的短片。影片的內容是以清談的方式，講述他們兩位和哈佛大學的一些往事，但網民的焦點放在另一個角度，就是他們兩位身家以千億美元計的大企業家，在他們身上竟然看不到任何一件奢侈品，沒有名錶，沒有首飾，甚至連他們穿的衣服，看上去都是很普通的貨色。如果遮擋他們的樣子，你完全看不出他們是富可敵國的人物。這張圖片引起了我的反思，究竟什麼人需要奢侈品呢？奢侈品能否幫助別人建立自信心呢？

　　很多做銷售或者做生意的人，身上總會有些奢侈品，例如手錶、手袋、西裝、皮鞋、車等等，當然我也不例外，我也擁有這些奢侈品。奢侈品可以在某些情況下，提升個人的自信心；因為擁有奢侈品，某程度上可以令我們擁有自豪感，幫助我們在社交場合之中，更加自信地表現自己、或者在職場上獲得更多尊重和認可。因為每個人都需要透過一些事物去證明自己，證明自己是一個有能力、可靠的人，例如學歷、成就、獎項等等。而奢侈品所代表的高品質、高檔次、高社會地位等等的因

素，都可以從側面證明自己，而這種證明相對地比較容易得到，因為只需要用錢就可以。

> 跟大家分享一個親身經歷，幾年前有一次我和朋友在街上遇到一位 TVB 藝員。我不認識這位藝員，朋友告訴我他做過什麼節目，然後他說這個藝員手上，帶著一塊價值以 10 萬計的手錶，拍電視劇應該是他的興趣，真正賺錢應該有其他方法，否則何來購買這麼漂亮的手錶？我聽過後感覺很神奇，因為我的朋友只是憑著一塊手錶，對這個完全陌生的人，已經有一個這麼具體的判斷。而這個判斷不只我這位朋友，其實我和你都會這樣判斷其他人。

所以奢侈品本身，真的可以令你在其他人眼中，在形象上佔據一點優勢，但是這種情況多數只會發生在陌生人身上。當其他人未認識你之前，當然會根據你表面因素去判斷你。但認識了之後，你有多少斤兩，有多少實力，就不是靠你有多少奢侈品去證明，而是靠你的專業，靠你提供什麼價值給別人去證明。但是大家不要誤會，我並非指包裝不重要，包裝是非常重要，但是如果你只是著重包裝而沒有內涵，真正有識之士亦都會很容易識穿你。

　　而我覺得人的自信，是源於對自己的安全感，知道自己需要什麼，知道自己不需要什麼；勇於表達自己，勇於與眾不同，反對人云亦云隨波逐流，而這一切是怎樣得來的？說到底都是要多學習、多思考，提升自己的思維層次，這是我給大家的建議，希望大家都可以成為一個內外兼備的人。

# 填鴨式教育
# 不會告訴你的事

　　香港的教育被稱為填鴨式教育，是因為香港的學生都習慣了知識的餵飼，久而久之腦袋便失去了思考的功能，學校的教育多數都是告訴你「What」與「How」，即是「要做什麼」及「怎樣做」，例如要背多少個詞彙、怎樣操練試題能在考試裏取得高分，這些是將人腦當電腦的訓練方法，但深入地想想，無論人腦怎樣訓練，在記憶與程序上，是永遠比不上電腦的，要獲得真正的思考能力，你就要跳出一般的教育框架，你要習慣思考「Why」，要懂得問「為什麼」，電腦是不懂得問為什麼的，你輸入它便執行，這就是人腦和電腦的分別。

　　根據英國的一項調查，一個四歲的小朋友，一天會問成人73次為什麼，最常問到的問題有「為什麼天空是藍色的？」、「為什麼魚可以在水裏呼吸？」等等，小孩的內心對世界充滿好奇，而且更重要的是，他們對世上所有事物都沒有前設，在小孩的世界是沒有理所當然的事情，所以每件事他們都想知道「為什麼」會發生，或是為什麼會「這樣」發生。但當長大後，一方面我們失去了好奇心，另一方面我們經歷了教育制度的洗

禮，我們只是著重「What」和「How」，而當大部分人都是這樣時，我們便更不關心「Why」了，又或是我們的「Why」，是他人賦予給我們，不是自己找出來，例如為何要結婚？因為父母催婚；為何要買房子？因為人人都買。當你不懂得問「為什麼」，你的思想就很容易被支配，而事實上，我們這個社會，是很希望我們成為一個不懂得問「為什麼」的人，因為若每個人都像電腦一樣，我要你做什麼便做什麼，不會問為什麼，這便是很優秀的勞動階層，而且只要給予這些勞動階層一份足夠溫飽，但不工作便沒飯吃的報酬，就足以令人停留在這個狀態。報酬太少不行，因為當人覺得太少，便會開始問「為什麼」，「為什麼我這麼辛苦？」、「為什麼我不可以要多一點報酬？」等等，但太多又不可以，太多的話，人可以不用持續性地勞動，多出來的時間人又會開始思考「為什麼」。當你開始懂得問「為什麼」，你便知道自己做每一件事情的原因，你的人生便開始有點意義了。

但留意意義也有高低之分，如果你問一個人為何要上班，他回答你是為賺錢的話，這個都可以算是原因，但是你不會覺得一個為錢而工作的人，他的人生很有意義，因為人真正的滿足感不是來自物質，是來自精神。C朗拿度踢足球是否為了金錢？一定不是，是因為他對勝利的渴望、對卓越的追求。這些

精神層面的滿足感，一直推動著他，金錢只不過是他實現了這些滿足感所帶來的回報。

　　所以無論你是成年人，還是在學中的朋友，謹記多點問自己「為什麼」，多點開動腦筋，找到每件事情背後為你帶來的滿足感，這樣你就可以過上一個更有意義的人生。

# 父母必睇！點解學校教育無可能令你成功？

　　有一位香港 YouTuber，名字我就不公開了，他是一位成功人士，他熱愛分享成功心態、思維等等。早前我看到他其中一條影片，他指出教育制度是一個培養打工仔的制度。社會運作需要勞動人口，勞動人口最理想的條件就是服從與勤勞，而服從與勤勞則是教育制度一直以來灌輸給我們的價值觀。同時他提到在教育制度之下，老師負責教導學生知識，但老師多數不是社會成功的一群，他們都是打工仔，甚至一些商學院教授，都沒有成功的營商經驗，所以他的結論是，教育制度不會令你成功。

　　這一番論述，我絕大部分同意，但同意之餘，我也有不同角度的看法，尤其這位 YouTuber，多次提及教育與成功。到底教育與成功有什麼關係？教育是否為了取得成功而存在？雖然我和你很大機會已經脫離傳統的教育制度，但我們的下一代很大機會依然會進入，或者即將會進入，這是一個不能不玩的遊戲，如果我們想做這個遊戲的贏家，應該如何部署？

我有兩個兒子，作為父親，我非常關心他們的教育。我的觀念當中，學校教育有幾個主要目的。

第一是教授生存技能，例如語言、數學，你欠缺這些基本技能，會令你連生存也成問題。

第二是探索潛能，例如音樂、藝術、運動等等。學校提供學生接觸各項活動的機會，從而引發他們的潛能。例如我小時候讀書，很喜歡中文作文功課，老師要求寫五百字，不少同學很艱難才湊夠字數完成，我則會自發性地寫了八百字，所以我的作文經常貼堂。我發現自己有這方面的潛能，所以長大後才有成為作家的念頭。

剛剛提及教育的兩個目的並不是最重要，我認為學校教育最重要的目的，是提升思考能力及解難能力。讀書時有很多學術知識，跟我們長大後的生活沒有太大關係，但是在做功課、測驗及考試之中，我們能不斷提升自己的解難能力。因此我和

兒子做功課的時候，我不介意他們不懂，但我介意他們不思考。沒有思考能力，就沒有解難能力，功課即使做對也只是白做。

進入社會後每一天都要做功課，都要考試、測驗，每一天都有問題要解決。學校教育是預先培養了我們的解難能力。

教育制度傳授了我們生存技能，探索我們的潛能，及培養我們的思考解難能力。請問做到以上三件事的老師，是否需要成為成功人士才做到呢？當有人說教育制度不會令人成功，這本身是一個偽命題。教育制度從來不是為了成功而存在，它只是為了傳授了我們生存技能、探索我們的潛能、培養思考解難能力而存在。這其實是一個期望管理問題，你不會期望快餐店有精緻的食物，也不會期望法國餐廳有很高的效率。跟由誰去教沒有關係，教育這件事本來不是為了取得成功而存在。

探討完教育，我們又談談成功。何謂成功？家財萬貫是否成功？美滿婚姻是否成功？創業興家又是否成功？我認為成功與否，非由別人來幫你定義，而是我們每一個人自己去定義。當你做到自己定義的成功時，你做到自己想做到的那個人，這就是成功。

事實上大多數人不知自己想要什麼，因為多數人都欠缺思考能力，即我剛剛提及教育的第三個目的。我並不贊同社會上

流行的泛成功概念，即有錢、生活奢侈、過上豪華的生活，便算成功，這使成功的定義變得很單一。錢可以伴隨著成功而來，但成功不等於有錢。

球王美斯絕對是成功人士，他也很有錢，但你總不會認為他成功是因為有錢。這裏我想引用一句電影對白：「人的地位有高低之分，但人格不應該有貴賤之別。」

一個企業的 CEO，他是企業內最高地位的人，他成功為公司帶來業績增長，創造很多職位，他很成功。同一間企業的茶水姐姐，每一位職員都可以叫她斟茶遞水。她辛勤地工作，供養她的兒子大學畢業，她都算成功。他們的地位雖有高低之分，但都達成到自己的願望，所以他們都是自己定義上的成功人士。

最後補充一點，我認為人要抱有懷疑態度。無論是有多權威性或代表性的人，不要將他的觀點視為唯一，多點思考有沒有其他可能性。即使你現在看我的書，也不用照單全收，多點思考，找出屬於自己的答案。

# 上課有用嗎？

大家心裏面可能都會問一條問題：上完銷售課是否就可以賺更多錢呢？

先從結論講起，我的學生之中，當然一定有人因為學習了新知識和技巧、提升了銷售業績，從而增加了收入。但亦肯定有一部分人，我相信他們上完課後，並沒有太大改變，和之前差不多。雖然不會變差，但是他們所投入的時間和金錢，變相是浪費了。

我絕對相信這種現象，不會只是發生在我這位導師，或者我的課程身上，而是普遍地存在於所有接受教學和培訓的人身上。因為無論學習什麼，關鍵不在於導師，或者課程，而是學員。

一位學員報讀課程，他除了要上堂聽書，抄筆記溫習之外，最重要的是他要有一顆願意改變的決心。因為無論你學習什麼，你所學習的一定和現在的做法、觀念、思維，有所不同，甚至是南轅北轍。

## 你願意改變嗎？

當你上完課後，你知道了很多知識，那麼你願不願意去改變？改變做法，改變思維，改變觀念，從而改變結果。改變是很困難、很艱苦的。因為改變就是要你做一些不擅長，不熟悉的事。你試想想，你並不擅長烹飪，但強迫你烹飪，當然辛苦，所以維持現狀不改變，心理上是最舒服的。

## 改變背後強烈的動機

既然改變是那麼困難，為什麼有些人可以作出改變，但有些人不能改變？成功改變到的人，和改變不到的人，他們究竟有什麼分別呢？是不是他們特別聰明？學習能力快？實踐時一擊即中，不會犯錯呢？當然不是，兩種人最大的分別，是在於他們的動機。即是他們對作出改變，有沒有強烈的動機在背後支持。引用美國企業家 Jim Rohn 的一句名言：「The bigger the 'why', the easier the 'how'.」中國傳統智慧中，也有類似的講法，你一定聽過的，就是「世上無難事，只怕有心人」！

其實他們也是講同一個道理，困難是相對的。你做任何一件事，作出任何一個改變，困難與否，有多困難，是取決於你有沒有強烈的動機、強烈的原因去做這件事。如果你的動機是很強烈的，就是你克服困難；如果你的動機是很弱的，就是困難克服你！

雖然我不是每位學員都認識，但是我可以肯定，能夠在學習中獲取最大價值、最願意作出改變的人，一定是因為他對改變，有一個很強烈的動機。這個動機每個人都不同，我不可以為你作出決定，但如果你找到的話，你就可以擁抱改變，最後蛻變成長。

分享一個親身經歷，有一段時間我十分積極做運動，以及非常自律地控制飲食，原因是我要在拍攝這本書的封面照前極速瘦身，因為這個原因，我的動機變得非常強烈，行動過程中的所有困難便相對地變得渺小，例如我會為了不影響日常工作，我會早上八點到會所做運動；我會戒掉最喜歡的珍珠奶茶，所有飲料必須無糖。這些改變背後的動力，是因為我有一個必須改變的原因。所以各位讀者們，如果你想實現目標，你應該先為自己做好心理建設，為自己找到一個不得不實現目標的原因，這個原因會成為你改變的燃料，令你一步步邁向目標。

# 為什麼大恩會養仇人？

名媛蔡天鳳身上發生了一宗很不幸的事件，大家都十分關注，除了關於一些案情重點之外，另外一個大家討論的重點，就是「小恩養貴人，大恩養仇人」。這種中國傳統智慧，似乎在蔡天鳳事件上面應驗了。

為什麼大恩會養仇人呢？我認為大恩養仇人的仇，是分兩種的。

第一種仇是接受恩惠的人對這些恩惠視為必然，視為依賴。他只能依靠你的恩惠而生存，如果有一天你減少，甚至收回這些恩惠，就等於奪取他的性命。因此有很多人認為，蔡天鳳遇害的原因，就是和她幫助別人太多，幫得太盡有關。這種現象在職場也不少見，一個上司幫下屬做很多事，下屬當然很舒服，但上司有一天發現，不可以繼續這樣下去，但將工作分配給下屬，下屬便會埋怨上司不再幫助他，所以幫助別人本身是一門學問。

有一句說話叫「幫困不幫懶，救急不救窮」。困，即是困難；急，即是危急。這些都是短暫性出現的現象。例如突然因為疫情要停工，沒有收入，又或者突然有急病要入醫院，所以需要

一些資金周轉。這些都是突發性、短暫性的，你可以根據自己的能力，適度幫助這些人，這些幫助亦都屬於小恩。因為是一次性的，你幫助完他，他會記得，他會感恩。

但懶和窮是不可以幫助的，因為這些是長期問題。懶是一種本質，他不會因為其他人幫助完他之後變得勤力。為什麼窮也不能幫助？剛剛我們說別人沒有錢的時候，需要幫助一下，但這裏所指的窮，根據我的理解不是財政上的窮人，而是思想上貧窮的人。例如優柔寡斷、好逸惡勞、三分鐘熱度等等……這些都是人本質上的問題，你越幫助對方，對方對你的依賴越大，將來演變成的仇恨越深。所以大家不要因為表面看到很慘，就同情心泛濫要去幫助其他人。

分享多一句很難聽，但很真實的說話：「可憐之人必有可恨之處。」出自魯迅。一個乞丐行乞，你看見他沒飯吃、沒衣服穿、沒屋住，覺得他很可憐，但你沒有看到，他淪落到這個階段的原因。所以幫助別人之前，真的要先看清楚這個人的本質。

第二種仇是比較尷尬的，那不是憎恨的仇，而是無法面對施恩者的仇。和第一種仇是另一個極端，接受恩惠的人很優秀、很傑出，結果創出了很大的成就，甚至完全超越當日他的施恩者。他們兩個人是否有足夠的胸襟，去面對這種已經完全改變

了的關係？這種仇見於很多師徒關係，徒弟拜師的時候一無所有，師傅教完徒弟，結果徒弟飛黃騰達。徒弟會覺得成功是因為自己的實力，還是會感恩師傅當日的提攜？師傅又會否因為徒弟成功，而經常告訴別人某某某是我教出來的？沒有我何來有今天？還是懂得功成身退呢？

很多師徒反目，除了利益因素，就是師傅的恩太大。大得還不了、面對不了，所以便直接不去面對，結果成為了仇人。其中一個我覺得典型的例子，就是吳宗憲和周杰倫的關係。詳細我不在這裏討論，有興趣自己網上找新聞。

人真的不要嘗試考驗人性，人性就是自利的，都是首先為自己著想的。當你嘗試考驗人性，即是想考驗人會否首先為你著想，當利益程度不大的時候，是有機會的，但當利益越大，我對人性是越趨向悲觀的。

# 戒掉拖延症
# *Delay No More*

　　不少人有拖延症，想法很多、創意很多，但這些想法只存在於腦海之中，因為從來沒實行，或實行之時諸多藉口，沒時間、沒金錢……多等一年半載，結果一年後仍然原地踏步。甚至到了人生某些階段，三十歲、四十歲，回望過去像浪費了幾十年。原因在於每一件想做的事，都習慣去拖延，沒有實行，你有沒有遇上這種情況？怎樣可以消滅拖延自己的心魔？怎樣可以做一個有行動力的人？我認為自己是一個有行動力的人，本篇分享一下我的行動力心法。

## 心法一：不要和他人比較！

　　曾經有人告訴我，他很想建立 YouTube 頻道，想和我一樣做得出色。但他拍了幾條片，仍然不太滿意，結果遲遲未發佈第一條片。我告訴他，你並不需要，亦無理由把剛剛起步與一個多年經營頻道的人去比較，即使要比較，也應該與剛剛起步的我比。建立之初，我的影片也很原始、粗糙，在起步階段有過多比較，是致命傷。因為當你什麼都未建立，你和別人比較，

所有人都會比你好，這是一個對你行動力的致命打擊！參考成功案例是好事，但內心不要抱著攀比的心態。當你被比下去，你會自我打擊，結果原地踏步。

## 心法二：不要管他人想法！

說起來容易，做起來卻困難重重。人類是群體動物，我們要生存，就要跟其他人交流、接觸，其他人一個眼神、一句說話、一個動作，都可能會影響我們。要做到我行我素，無視他人想法，是非常困難的。但做得到的人都有一個共通點，便是他們很清楚做這件事的原因，所以他們不會介意他人的評價，因為他們沒有牽絆、障礙，行動力亦因此提高。如果素海霖是一個很介意他人想法的人，她會否入行拍 AV ？她要有堅定的想法才可以無視他人眼光，所以踏出這一步。

如果大家想做一個有行動力的人，想清楚你做一件事背後的深層原因，對你來說有什麼意義，這就是你行動力的來源。

## 心法三：先完成，後完美！

大家認為完美主義是好事抑或壞事？對於行動力來說，我相信是一件壞事。當你抱著完美主義去做一件事，你很難容忍有瑕疵，結果在規劃、構思這些階段打轉。相比完美，完成更重要。雖然有瑕疵，但完成才有基礎去修補瑕疵，事情更趨向

完美。完美不是絕對，而是相對，透過不斷完成去創造一個相比之前更加完美的狀態。而當你有先完成，後完美的心態，就更易邁出第一步。

　　雖然我分享了一些戒掉拖延症的心法，但是否代表我認為人生就必須不斷向前，即使累了、迷失了，都沒有休息的空間嗎？人常說，休息是為了走更漫長的路。休息是必須的，但要注意自己的內心，究竟是為了重新上路而休息，還是為了逃避現實，而自欺欺人地休息？有人會在工作了一段長時間之後，辭去工作，換取時間和空間去做一些夢寐以求的事情，例如旅行、進修、修行等，他們是希望把自己在營營役役的生活中抽離，為未來重新打拼而休息。但也有一些人辭掉工作，留在家中每天百無聊賴，就是為了逃避社會、逃避工作，所以即使表面看來相同的事物，背後的原因也是大相逕庭，真正令人無法戒掉拖延症的原因，還是那顆執意逃避現實的心。

# 三十歲後要戒掉的
# 七個壞習慣

　　跟大家分享七個三十歲之後，你要戒除的壞習慣。為什麼是三十歲？因為年輕時，人稍為放縱些，有些壞習慣是人之常情。但到了三十歲之後，你要開始安身立命。而這七個壞習慣，就是阻礙你成功、成長的絆腳石！

　　接著下來就和大家分享七個，三十歲之後你要改的壞習慣。

## 第一個壞習慣：要面子

　　我發現有很多人事無大小，都要在其他人面前炫耀。這些人的口頭禪就是「這些事情我以前做過」、「這個人我認識他」、「這些事情我已經知道」。從另一個角度說，這些人是放不下身段，不願意承認自己有問題，有困難，有缺點。我並非指大家要過沒有尊嚴的生活，但請各位謹記，你的面子只和你的實力掛鉤，因此這個世界笑貧不笑娼。面子是別人給你的，只要你有本事，有實力，就有人給你面子。

## 第二個壞習慣：習慣借錢度日

有些人習慣了借錢的生活，每個月都不夠錢用，每個月都要借錢才能過生活。人有不時之需可以理解，偶爾借錢沒有問題，但若借錢變成習慣，則長貧難顧，最終會令你眾叛親離。每個人賺錢都不容易，如果唯獨是你每個月不夠用，是否應該檢討一下自己的物慾是否太強？是否買了很多不需要的東西？又或者是否應該做一些事情，令自己有能力賺更多錢來戒除借錢度日這個壞習慣。

## 第三個壞習慣：三分鐘熱度

很多想法、計劃，構思過甚至做過，但總是半途而廢，可能只是剛剛起步，已經放棄。例如你看到別人做運動，把身材鍛鍊得很好，馬甲線、六塊腹肌應有盡有。一時興起做健身，開始後才發現，原來要非常自律、非常節制，才能鍛鍊得這麼漂亮，結果熱度減退，半途而廢。分享一句很有意思的說話：「你所有見到的風光，都是由無數的枯燥乏味所組成的。」沒有吃苦頭的決心，不要有吃果子的慾望。

## 第四個壞習慣：抱怨

當遇到困難時，抱怨其他人，抱怨環境，抱怨社會，一時三刻會令你感覺舒服一些，但正正因為你將問題歸咎於其他因素，因而忽略了自己的不足。結果你沒有在困難之中成長，只會原地踏步。

## 第五個壞習慣：口沒遮攔

說話不分場合，不分對象，輕則失禮自己，重則得罪其他人。有些人說話很好聽，但並不是因為他口才了得，而是他知分寸，知道什麼說話可以講，什麼說話不可以講。口才不只代表個人的說話能力，還代表一個人的情商。

## 第六個壞習慣：嫉妒

當別人過得比你好時，你總是要想一些負面理由去解釋。例如同事升職，你認為他只會拍馬屁。別人能擁有什麼，必然有他的原因，與其妒忌，不如努力想想，如何令自己擁有。

## 第七個壞習慣：喜歡佔人便宜

其實每個人心裏面都一把尺，你佔了別人便宜，別人是知道的，不過可能不算大事，別人沒有講出來，但是從此你便在

他心目中，留下了一個壞印象。沒有人想和這種人合作，好處也不會留給他們，結果佔小便宜，卻吃了大虧，得不償失。

　　人是習慣的動物，很多事情我們習慣了這樣做，就會一直做下去。原因並不是我們覺得這樣做是對的，只不過是習慣，不用再思考就做，節省了很多時間和精神。如果是好習慣當然堅持；如果是壞習慣，可能偷偷地摧毀你的人生，而毫不察覺。如果你有以上這七個壞習慣，就要盡快戒掉！

# 令你一敗塗地的
# 勵志金句

規則扼殺創意，這句說話大家是否認同？

2023 年 7 月發生了一宗世界注目的海洋意外，由海洋之門營運的泰坦號潛水器在加拿大紐芬蘭與拉布拉多省附近的北大西洋失蹤。這艘潛水器當時正載著五名遊客前往參觀鐵達尼號殘骸。潛水器下潛後便與外界失去聯繫，結果所有乘客不幸喪生。

泰坦號所屬的公司 —— 海洋之門的創辦人，曾因規則扼殺創意這個理由，忽略一些航業安全標準，有意見認為這是意外發生的原因。「規則扼殺創意」這句說話本身是正確的，問題出在你如何解讀這句說話。如果你盲目順從這句說話，性格就會變得偏執。在我們生活周遭，都會聽到不少勵志金句，聽上去似很有道理；但如果我們都是盲目順從這些金句，則可能非常危險。以下為大家講解三句，大家要非常小心的勵志金句。

「為做過的事而後悔，總好過為沒有做過而後悔。」

這句在什麼情況下講得最多？通常在愛情或創業上。例如一位男士想向心儀的女士表白，他很掙扎，不知如何是好。直接表白又怕失敗，失敗後怕做不回朋友，可能會後悔自己曾經表白；不表白又一直壓抑很痛苦，又擔心看見她與其他男生一起，可能又後悔自己當初沒有表白。

創業上，一些人又會在創業及打工之間掙扎。怕創業後失去穩定的工作及收入，甚至有機會背負債務，到時又可能後悔創業；不創業一直打工，過幾年某個行業發展得好，又可能後悔自己當初沒有行出這一步。

在這些進退兩難的情況下，很多人就會想起「為做過的事而後悔，總好過為沒有做過而後悔。」這句勵志金句，結果便頭腦發熱去實行，這就是最大的問題。

你可以代入一下處境，如果那個人因為這句說話而行動，其實他對這件事是沒有把握的，他只是貪圖一時之快，沒有思考過便行動。想像一下，如果男生知道女生對自己有好感，他又為何需這句說話來激勵自己表白？

你應該做的，不是因為這句金句而衝動行事，而是思考自己要做什麼，提升自己的成功率。再者，很多婚姻失敗、生意

失敗、投資失敗的人，他們都做了錯誤的決定，試下問這些人，他們同不同意這些金句？

## 「在哪裏跌倒，就在哪裏重新站起來。」

我完全不理解這句話的邏輯，我不是不同意在同一地方振作，而是為何一定要在同一地方振作？

馬雲當年應徵 KFC，二十四個人應徵，請了二十三個，唯獨不請馬雲。難道馬雲要一直等到 KFC 聘用為止？如果是這樣，我們今天就不能淘寶。

你在這個地方失敗過，當中一定有原因，如果你檢討過這些原因，可以改變之後再嘗試。但如果你失敗的原因，是你根本不適合、你沒有該能力，那為何要執著在同一位置站起來？這句金句最浪漫的地方，是看似很有性格，有打破宿命的主張，聽完之後大家對打破宿命都有種嚮往，但這種嚮往到極致會變成偏執，大家一定要小心！

## 「先處理心情，後處理事情。」

這句說話很多時會應用在子女管教上，小朋友出現一些情緒狀況時，父母應先安撫子女的情緒，令他們冷靜下來，再處理事情。這個做法是正確的，因為小朋友比較難控制自己的情

緒，情緒波動時你說什麼他都聽不下去。很多人長大後，依然抱著這心態做人，覺得自己的心情比事情重要。結果出現很多，好聽叫有個性，難聽就是任性的行為。

一個心智成熟的人，留意我不是講成年人，而是心智成熟的人應該反過來，先處理事情，後處理心情。

你想像這一刻，你與丈夫或妻子吵架，你很生氣，然後電話響起，來電顯示是一位重要的客戶，請問這一刻如果你接電話，你會延續你的憤怒情緒接電話？還是立即收拾情緒，心平氣和地接客人的電話？

事情牽涉的人通常不只你一個，先處理事情是一種顧全大局的表現。情緒當然很重要，但應該在處理事情後處理。能夠做到不被情緒影響理性判斷，先處理事情，後處理心情，才是一個真正有能力的強者。

這些勵志金句的確有激勵人心的一面，但亦都不完全正確，所以不應盲目信奉。

# 謙虛——
# 一個令你失敗的美德！

中國人有一種文化，植根在我們心中很多年，那就是謙虛文化。謙虛被認為是值得鼓勵的，代表你本人虛心接受意見，不會誇張展現自己，所以不會成為眾矢之的，不會自負自滿而魯莽行事、一意孤行，聽起來謙虛真是一種很好的美德，這些都是事實。本篇要分享的，是謙虛會為我們帶來什麼負面影響，而正正是謙虛在我們心中植根多年，甚至去到普世價值的程度，所以這些負面影響可能影響了你很多年，而你根本察覺不了。

大家也可能聽過吸引力法則，但如果要說明吸引力法則是什麼，可能大家能明白概念，但形容不了實際是什麼。如果要我去講解什麼是吸引力法則，我會形容它是 Google。你在 Google 輸入什麼，它就會你給相應的結果。例如當你在 Google 輸入「成功的因素」，Google 就會給你大量的結果，講解什麼因素導致成功；如果你在 Google 輸入失敗的因素，Google 亦會給你大量結果，講述什麼原因導致失敗。

Google 不會判斷對錯，它只會提供你想要的東西。這個跟吸引力法則很相似，人的意識不會判斷對錯，它只會提供你認

為的事物。當你認為這個世界是光明、充滿希望的，你就會吸引到光明及充滿希望的事物；你認為世界是灰暗和絕望，相關的事物亦會去到你身邊。

說了這麼久，這跟謙虛有什麼關係？你回想一下過去當有人讚美你、表揚你的時候，你會給對方什麼反應？很多時我們為了表現謙虛，我們會回應：「才不是，哪夠你好？」聽上去很謙虛，很符合我們謙虛的自我形象。但如果你用吸引力法則、或 Google 的比喻去思考，這種表面上看似謙虛的做法，事實上是你抗拒自己輸入正面的信息，而且同時你亦把負面信息輸入進去。「我不夠好」、「我不夠聰明」、「我不夠能力」等等，你是處於一個排斥美好事物的狀態，所以有時謙虛也不是好事。

但大家也不要誤會，我並非認為大家在被讚美時，要表現得囂張和不可一世。我們可以很坦然地接受其他人的讚美，而同時保持著謙虛的態度。例如我們可以說：「這次的成功，是因為我和我的團隊，花了很多時間準備，過程中遇到很多困難，不過都一一克服，所以今次能成功，是團隊的成果。」這樣的回應，可以大方接受讚美的同時，令人不會有傲慢的感覺。更加重要的是，輸入及輸出都是正面的。你的意識都是積極正向，亦因此吸引更加多好人好事。

謙虛文化產生的另一個現象，就是凡事也要聽意見。一個謙虛的人要虛心接受他人意見，這種講法沒有絕對的對或錯，有些人，有些事，有些處境確實是要兼聽，但有些情況亦需要自我。我知道自己說了一句廢話，但事實上確實如此，最少我們知道一件事，就是不一定每一件事，都要虛心聽人意見。

因為當人們給予意見時，都會偏向保守安穩，給予意見的人很少會提供激進高風險的意見，他害怕你聽了意見採取行動後，萬一失敗會埋怨他。所以如果一個人，一生都虛心接納他人意見，跟著其他人意見去做，他注定是一個平平庸庸的人。

平庸亦沒有一定的對與錯，不過你要知道這是你謙虛的代價，而人生最重要及最高風險的決定，一定是以你自己的意見為中心。在一些重要決定前，不用過於虛心，而且要有一定程度的執著，力排眾議的勇氣。

最後我想重申一次，我並非反對人要謙虛。不過謙虛不一定對，不一定帶給你人生最好的結果，其實類似的價值觀有很多，例如誠實、勤勞、節儉等等，無絕對的對或錯，全部都是隨機應變，因時制宜，人生這樣才好玩！

# 令你完勝對手的
# 工作態度

分享一位朋友的經歷,我有一位朋友去做美容,她第一次光顧這家美容院,做完後她不斷收到這家美容院的訊息,問她何時再來光顧。即使我的朋友表明不會再去,美容院都依然繼續傳信息,結果我朋友不勝其煩,便封鎖了該號碼,也自然不會再光顧。

我分享這個經歷,並非想教導大家如何發訊息跟進客戶,而是希望分享一種我認為十分重要的工作態度。在未端正你及你的員工的工作態度之前,任何的技巧也是形同虛設。等於一個運動員,如果他的內心根本不想贏,為他部署任何的策略也是多餘。

## 做好和做完的分別

大家認為在工作上,你是以把事情做完,還是以把事情做好為目標?做好和做完的分別是什麼?

當你抱著把事情做完的心態工作,注意力是投放在自己身上,你是為自己的利益著想,想盡快完成工作然後休息玩樂;

而把事情做好，注意力是放在跟工作有關的其他人身上，你是為其他人的利益著想，抱著一種利他的心態。引用篇首的個案，大家可以想像到，情況大概是該美容院的老闆，叫員工發訊息給舊客戶，希望他們再次光顧，結果該員工抱著把事情做完的心態，盡快把訊息發出，順利地完成事情。而且在她心目中大概還很心安理得，因為老闆分配的工作都完成了，還要怎樣？

但如果她是抱著把事情做好的態度，她應該將注意力放在這件事相關的人身上，包括客戶、老闆，她就會思考客戶收到怎樣的訊息才會回覆？如何幫助到公司、幫助到老闆，吸引客人上來消費？當你抱著做好的心態，你想的就是這些。

相信一定會有人反駁，她只是收一份客服的薪水，當然只會想把事情做完，而非做好。這種想法我非常理解，社會上大多數的人也這樣想，甚至這才是主流也不足為奇。而想法從來沒有對錯，想法只會帶來結果，只要你願意接受這個結果，也是一種負責任的表現。

今天的你如果是一位客服人員，而你抱著把事情做完的心態工作，很大機會過了若干年，你依然是一位客服人員，只要你願意接受這個結果，你是可以繼續維持這種心態的。

而把事情做好的心態，對服務業來說更為重要，服務業往往是先收錢，然後提供服務。如果你只是把事情做完，而非把事情做好，對服務者的聲譽會有很大打擊。

以我為例，大多數情況我都先收款後，再提供培訓，如果我僅是抱著把事情做完的心態，我是完全沒有損失的。不過可以預計我沒有回頭客，不會有口碑，不會有推薦，如果你想得通，把事情做好的本質雖然是為他人設想，但其實最終得益是你自己。

成功與失敗取決於觀念。一念天堂，一念地獄。如果你以前不知道，你沒有選擇，但現在你知道了，下一步是看你如何選擇。謹記如果你想成為一個有價值的人，要抱著把事情做好，而非把事情做完的心態。

第二章

# 銷售技能 UP

# 從騙局學銷售

究竟阿里真的是杜拜王子嗎？即使他真的是王子，那究竟他是否有錢呢？這段日子大家都對王子的身份有很多猜測，甚至有人說這個王子可能是騙徒。我個人認為，到這一刻還未有足夠證據顯示他是騙徒，而他究竟是什麼人，亦不是本篇的討論方向，我是想大家在騙局和騙徒身上，學習一些營銷技巧。如果你懂得用這些技巧來做正當生意，你的營銷功力一定會大幅提升。不過如果大家自問心智未夠成熟，認為本篇是教你怎樣行騙的話，那就請你離開，相反，如果大家可以抱著一個開放的心態去閱讀，我保證你會有一個意想不到的收穫。

## 騙徒的人設

如果你有細心留意各種騙局，你不難發現，每個騙徒都會精心打造他的人設。人設的意思就是他以什麼身份、形象、姿態去包裝自己，然後尋找獵物。早幾年在香港有一宗牽涉很多名人明星受騙的騙案，款項高達 4 億。騙徒黎偉業花了很多資源，去打造自己是一位隱形富豪的人設，例如他成立了比華利山獅子會，贊助了很多慈善活動，還和很多明星、名人做朋友，又投資很多公司、很多生意，聲稱自己是政協等等。

即使撇開這些大規模的騙案不說，你看現在每一宗網絡情緣詐騙，即使只是隔著電話、電腦，騙徒都一定會為自己樹立一個人設，例如是軍人、飛機師、留學生、生意人等等。為什麼騙徒一定要樹立人設呢？原因是人設是一個令人留下印象和獲取信任的方法。

騙徒和他的獵物，本身一定是陌生人關係。人不會無緣無故相信一個陌生人的，所以他就要透過人設，令你知道他是一個怎樣的人。當對方覺得自己很了解你，他就會放下戒心相信你，所以每個騙徒都會為自己編造一個身世故事，而且他還會很主動跟其他人訴說這個故事，這個人設甚至會令你有很大的想像空間。

例如一個成功生意人的人設，會令你想像到在他身上，可以賺到很多錢；一個留學生的人設會令你想像到，和他可以發生一段很轟轟烈烈的愛情；如果人設是一位王子的話，就有更加大想像空間。所以一個好的人設，是可以幫助你快速獲得陌生人的信任。

## 做正行的人設

當我們做正行生意的時候，人設都一樣重要。我們都是想做陌生人的生意，所以同樣地，我們都要令陌生人盡快信任我

們。所以我經常告訴我的學生，尤其是做個人專業服務的學生，例如保險、諮詢師等，不要覺得自己開一個 Facebook、Instagram、YouTube 帳號，隨便發文，甚至隨便拍一些影片，就會有客人找上門，沒有這麼便宜的事。

在你發第一篇文、拍第一條片之前，你首先要訂立好人設，而人設基本上就是在解答三條問題：

1. 你是誰？
2. 你的目標受眾是誰？
3. 你為目標受眾提供什麼價值？

基本上只要你解答到這三條問題，你的人設就完成了。

以我的人設為例：

我是誰？我是一個銷售員，也是一個暢銷書作家。
我的目標受眾是誰？包括銷售人員、生意人、專業人士。
我為這些人提供什麼價值？教授他們銷售技巧，讓他們獲得開發新客戶以及成交的能力。

當我有這個人設的時候，一個陌生人即使剛剛認識我，他都可以很快知道我的專業能力，以及知道我有什麼價值能提供給他們，從而快速建立信任。建立人設獲取信任這件事，本身是沒有對錯之分的，無論做正行生意還是行騙都需要。但是騙

徒在這方面所花的心思，似乎比正行生意人要多很多，所以大家在這方面，真的要跟騙徒學習一下。

# 如何成為營銷食物鏈頂層，賺取暴利式回報

　　食物鏈一般形容生態系統當中，生物之間「吃」與「被吃」的關係模型。食物鏈通常由不同級別組成，每一級別都包含食物的來源，以及食物的消費者，下一層成為上一層的食物，層層遞進。以海洋生態系統為例，海藻是食物鏈的最低層，他會成為浮游生物的食物；浮游生物又會成為小型魚類的食物；小型魚類便是大型掠食性魚類的食物。一層吃一層，便成為整個海洋生態的食物鏈。如果擴展至整個地球的生態系統，人類可能是食物鏈的最頂層。當然本篇我並非跟大家探討生物學，而是想將食物鏈的理論，套用在營銷理論上。在整個營銷系統中，誰是食物鏈的最上層？誰最有議價能力？誰賺得最多？重要的是，我和你有沒有機會，成為食物鏈的最上層？

　　大家都知道香港租金昂貴，店舖成本佔總成本的比例很高，商家利潤很多都是用來繳交租金。而香港最貴的一個舖位，是位於銅鑼灣羅素街的一個地舖，高峰期的月租是 1,032 萬，根據 2023 年 3 月的報導，當時的月租是 366 萬。因此營銷系統中，商舖業主可以說是食物鏈的最頂層。

另一個在營銷成本中佔很高比例的項目，便是宣傳成本。傳媒便是營銷系統的最頂層。以 TVB 為例，在廣告時段賣廣告，成本是按秒計。一個在黃金時間播出的 30 秒廣告，費用可以以 10 萬起跳，而 30 秒不過是很短暫的時間，所以有人說賣廣告等於燒銀紙。

業主及傳媒有什麼共通點可以成為食物鏈的頂層？答案是他們都掌握著流量。

流量即是客源，一個舖位的價值取決什麼因素？面積有多大？門口有多闊？這些都有關，但不是最主要的。主要因素是它有多少人流，要看是什麼階層、消費力的人流。即使兩個舖面積相同，但一個在銅鑼灣，一個在小西灣，銅鑼灣那間個租金必定更昂貴，因為人流更多。即使是銅鑼灣的同一個舖位，疫情前後的租金都可以有很大分別，因為疫情後人流減少。

同樣道理，傳媒可以成為食物鏈的頂層，因為傳媒掌握流量。而無論時代怎樣變，營銷模式怎樣變，掌握流量便成為營銷食物鏈頂層的定律，是不會改變的。分別只在於頂層的人或公司不同。例如以前的頂層是地產商及電子傳媒機構，現在就變成了 Google、Facebook、Instagram、YouTube、Amazon、抖音、小紅書、微信等等。這些公司的共通點，便是掌握了大量流量，為我們帶來客源，因此他們是營銷食物鏈的頂層，想找客源便要向他們課金。

如果我們都想成為食物鏈的頂層，我們便要掌握流量。當然我們不是和這些巨企競爭，反而要與他們站在同一陣線，了解這些平台的流量機制，我們要知道做什麼會被扶持流量，做什麼會被限制流量，要令自己成為頂層的一分子。你甚至可以把這些公域流量引流成為你的私域流量，當你擁有流量，你便會成為其他未擁有流量的人的上層。

　　例如你掌握了很多母親的流量，就可以跟很多做母親生意的商家合作，例如興趣班、服裝店、美容院、食材店等等，在你自己的平台宣傳她們的產品，再在生意額中分成，賺取佣金，用她們的產品為你賺錢。過去我也有類似的經驗，一位保險導師舉辦培訓課程，他想借助我的流量為他宣傳，我在學費中賺取分成，在那一次合作中，我賺取了 4 萬元的佣金，而過程中我只做了一件事，就是發了一封電郵給我的電郵訂閱者，因為我掌握了流量，所以即使我沒有產品，都可從流量中變現。

　　今時今日掌握流量已經不是大公司的專利，一個Facebook、Instagram 的帳戶，已經是一個流量池。如果你想成為營銷食物鏈的頂層，便要用心經營這些平台。

# 一條令你快速學懂
# 網絡營銷的捷徑

　　大家有否涉獵各種網絡營銷的學問呢？例如網上廣告，
Facebook、Instagram 或 YouTube 營運、銷售漏斗等等。很
多人或多或少有接觸過，並覺得這些學問高深和難學習，但其
實是有捷徑的。

　　我讀大學時，我在理工大學攻讀市場學，當時我已經接觸
很多市場學理論。舉個例子，做生意要先做好市場劃分（Market
Segmentation）選擇一個細分的市場，有一個例子經常被引
用，就是 Amazon。Amazon 現在是一個包羅萬有的平台，但
是在九十年代成立時，它只是賣一種產品，就是書籍。它在整
個零售市場中，劃分了書籍這個市場出來，然後集中在當時有
限的資源去開發，令到它能短時間之內迅速起步，一直演變到
今時今日什麼都可以購買。這些市場理論，其實是一個大學學
位價值的學問。

## 網絡營銷是一個大學學位價值的學問

在實體世界，如果你不是營運很大規模的生意，你根本不需要思考市場定位、市場策略這些問題。例如開一間茶餐廳、雜貨店、髮型屋等等，舖位的地點本身已經決定了你的市場，中環就是白領、土瓜灣就是街坊生意。

但當進入網絡世界，所有實體世界的限制和框架都不存在，即是你營運很小的生意，甚至一個人拍影片放上 YouTube，你面對的都是海量，接近無窮無盡的流量。在這種環境之下，你必須要為自己做好市場定位、差異化品牌建立。而這些就是我剛才提及，大學市場系學生才要學的東西，現在已經普及到一個普通人，用手機玩 Facebook、Instagram、YouTube、抖音都要學會的東西。

為什麼一般人學網上營銷會覺得這麼困難？是因為這些是大學學位級數的知識。當大家知道了網上營銷為何這麼難學之後，下一步應該做什麼？大家可以選擇放棄又或者認真學習，從而駕馭它。事實上，如果你要成為一個突出優秀的人，一定是因為你做了一些其他人不會做、不願做，或者不敢做的事。相反角度來看，會不會因為有人做了一些很普通，每個人都能做到的事，而變得很突出、很成功呢？當然不會，所以我們必須要迎難而上。而如果我們想掌握想駕馭網上營銷這門學問，有沒有一些比較容易快捷些的方法呢？是有的。

任何事物都有四個層次，分別是「道」、「法」、「術」、「器」：

「道」是原理

「法」是方法

「術」是技術

「器」是工具

## 「術」和「器」只是基本

很多人在學習的時候，都會集中注意力在「術」和「器」上。例如經常有人問我，廣告後台要如何設定？如何才能接觸我的目標受眾？這些就是「術」（技術）。又或者問，應該使用 Facebook、Instagram 還是 YouTube 呢？這些就是「器」（工具）。我並不是說這些不重要，不過單純學習這些，你會很快遇上瓶頸。

## 「道」才是最快捷、最有效的

「法」也是重要的，網絡營銷的「法」，包括但不限於廣告製作及投放的方法、文案撰寫的方法等等，這些雖然都重要，但還未到達最高層次。如果你想成為高手，一定要由「道」（原理）這個層次出發，這樣你才可以學得又快又好。

那麼網上營銷的道是什麼呢？以流量為例，網上的流量接近無窮無盡，現在這麼多人說引流，究竟什麼流量才是你需要的流量？你真正需要的流量不一定要很多，但一定要有同質性，可能是背景相同、目標相同或者面對相同的問題，這些才是優質以及你需要的流量。所以一個有十萬追隨者的 Instagram 帳號，變現能力可能不及一個一萬粉絲的帳號。如果你不明白流量的原理，重量不重質，你可能還不明白箇中的原因。

而到這裏，可能你會覺得很虛無，但原理就是一些如此虛無的東西。只有在「法」、「術」、「器」這些運用的層面，你才會明白一個理解和不理解原理的人的分別在哪裏。

# 3 種流量密碼
# 獲取超多流量

任何參與網上營銷的人，都了解流量的重要性。因為流量代表有多少人認識你、關注你，更重要是當你掌握了流量，你就有變現能力。所以無論上至大企業，下至 YouTuber，都想盡方法獲取流量，希望有更多人看到自己發表的文章、影片等等。在市場學有一個術語，叫「流量密碼」，意思是有些內容只要你願意發佈，你會有很大程度的流量保證。當然即使你的內容不符合流量密碼條件，都可以有其他原因獲取大量流量。不過符合流量密碼的成功率是接近肯定的，因此從事網上營銷的人，都必須掌握流量密碼。本篇為大家分享，流量密碼的其中三種。只要你能掌握，獲取流量及流量變現便輕而易舉。

## 第一種流量密碼：話題性內容

通俗來說就是「抽水」，社會上經常會出現一些話題性事件，這些事件會引起廣泛大眾注意和討論。以香港為例，近來有 JPEX 事件、香港夜繽紛，當這些話題性事件出現後，發佈相關內容會獲得流量。因此話題性內容是其中一個流量密碼，

要掌握這種流量密碼，最大的挑戰是時間，因為話題性內容都是短暫的。如果你不能夠在事件發生的短時間內發佈內容，你的流量便會大打折扣。

我曾經聽過一位大神級的 YouTuber 分享，當一件事件發生之後，四小時內在 YouTube「抽水」，獲取的流量是最多的，之後便會慢慢遞減。大多數兩天後才「抽水」，基本上你不會獲得額外流量，話題性的流量密碼就具備這個特色。

## 第二種流量密碼：本能性內容

與人類基本慾望有關的內容，美女、肌肉男、美食、寵物等等……人類的本能喜歡這些，這部分也不用詳細解釋，大家站在網絡使用者的角度，你必定被以上內容吸引過。但有一點要注意，這一種流量密碼的變現能力很參差，尤其是美女，正正因為美女是大多數人的偏好，男士喜歡、女士也可能喜歡，流量很多但也很雜，很難有一個變現模型同時適合各種人群。如果這些流量只因為看美女而進來，看完便會再看下一個美女，很少人願意真金白銀付出。因此抖音經常出現美女在直播唱歌，但長時間直播也沒有很多打賞，她雖然有很多流量，但多數看過就算。

## 第三種流量密碼：爭議性內容。

一些有明顯立場的內容，常見的如政治話題，任何政治話題都有支持及反對兩個立場，而無論支持或反對都會成為你的流量。因此政治話題通常都是流量密碼。

除此之外，還有其他方式製造爭議性內容，故意說一些引起抨擊的內容。我曾在微信影音號看過一條影片，是關於銷售技巧，其分享如果客戶告訴你要和家人先商量，應該如何應對？這位網紅教大家，首先叫客戶打電話給家人，然後請客戶把電話交給自己，再說服他家人要購買產品。

我想大家聽過後都會認為，這個方法非常荒謬，這個影片有超過一千八百個留言，絕大多數是攻擊或諷刺這位網紅，但同時亦因此激活了演算法，獲取了大量流量。因此爭議性內容的流量密碼，很考驗發佈者的情商。是否值得使用，取決於閣下判斷。

以上三種是比較普遍的流量密碼，事實上因應不同市場、不同平台，流量密碼也不盡相同，例如在 Instagram，有研究指出，美食圖片是流量密碼；在內地平台，愛國內容也是流量密碼。我建議大家在經營社交平台前，先花一些時間做調查，例如你是一位健身教練，你先看看平台上最具人氣的幾位健身

教練，他們流量最高的內容是什麼，再分析一下這些內容的共通點，然後模仿他們發佈類似的內容，這有助於你盡快掌握專屬你的市場，以及你的賽道的流量密碼。

# 創造高轉發率 Facebook /
# Instagram / YouTube 內容

各位讀者，你在閱讀此書時，應該知道我是持續透過發佈影片，去令到更加多人認識我，同時亦令本身已經認識我的人，加深對我的了解，這一種宣傳方式叫內容營銷（Content Marketing）。

## 內容營銷的威力 —— 令客戶主動找上你

在我自己親身體驗了內容營銷幾年之後，我深深地體會到它的威力。因為它真的可以做到令客戶主動找上你。內容也不一定是影片，可以是文章，可以是圖片，所以每個人都可以做到內容營銷。那麼如何開始做內容營銷？有什麼方法可以令你容易起步？

## 間接的宣傳方式

內容營銷是一種比較間接的宣傳方式，因為無論內容的格式是影片、文章、還是圖片，目的都是向受眾提供免費而有價值的資訊。當中不涉及產品服務的宣傳訊息，就算有，都只是

輕輕帶過，但間接並不是壞事，反而正正因為間接，受眾不會有戒心，沒有戒心即是可以無條件接受你的內容。

試想想當你看廣告時，你會抱著很大的戒心。例如一間廣告公司，做廣告宣傳可以替客戶管理 Facebook、Instagram、YouTube，當你看到廣告時，你會質疑有沒有效果、是否很貴等等。但如果你看到的，是一個數碼營銷的專家，他寫了一篇文章講解管理 Facebook、Instagram、YouTube 的一些重點注意事項。首先你一定會有興趣看，而當你看完後，你會認定寫這篇文章的人，一定是 Facebook、Instagram 或者 YouTube 的專家。如果你需要這方面的意見甚至服務，你很大機會會找這個人幫忙。

所以說穿了，內容營銷其實不是不做銷售，只是不銷售產品，內容營銷是銷售另一個更加高層次的事物，就是銷售你本人！即是你在潛在客戶的心目中，你是代表某一方面的專業和權威，當你成功建立了這個身份，產品只是一個很簡單的成交工具。

## 創造持續性的內容

那麼如何起步做內容營銷呢？首先一定要有創造內容的持續性，無論你的內容多麼有價值、多麼有養分，一篇內容是不

足夠令你成為專家的，一定是持續性的潛移默化。所以當你開始做內容營銷，你就要為自己訂立一個指標，規定自己多久發佈一次內容。當然萬事起頭難，起步時可以設定一個不是太高的目標給自己。例如從影片內容起步，你可以定兩星期發佈一次，之後再慢慢提高到一星期最少一次。發 Post 或者發 Story，初步可以一個星期發五個，同樣地之後再慢慢提升。但無論你的指標是多少，只要訂立就一定要貫徹執行，粗俗點就是「死都死揸佢」！

很多人覺得做內容營銷，最難的就是思構主題，但其實主題是滿佈我們身邊的，只在於我們有沒有留意、有沒有發掘而已。當你定下了一個發佈內容的指標後，為了要達成這個指標，你就會對身邊所有發生的事變得很敏感，尋找主題亦變得很簡單。除了定下指標，還有一個很重要的關鍵，就是要培養對事物的觀點。很多朋友不斷地發文發片，但反應都是一般，原因是他們沒有將自己的觀點加入內容裏，可能只是純粹轉發其他人的內容，又或者加上一些個人意見時，都是一些比較表面和膚淺的意見。雖然做了很多內容，但亦不能建立專家形象。

所以我特別提醒大家，如果你想做好內容營銷，一定要培養對事物的觀點，沒有分對錯，但一定要有觀點。謹記這句說話：「世界從來不缺乏內容，但是非常缺乏觀點。」

舉個例子，Mirror 演唱會的意外事件發生後，整個社會都有很大的迴響，很大的恐慌，大家瘋傳影片。這時有一個人提出了一個很重要的觀點，他就是古天樂。他呼籲大家停止轉發意外影片，他表示當下最重要是專注處理及協調事件，再全面關注及檢視今後所有台前幕後人員演出的安全問題，以免重蹈覆轍，這個就是他對事件的觀點。當其他人認同這個觀點，就會轉載他的內容。當然古天樂作為知名藝人，他的影響力一定比普通人大，但這只是程度上的分別，同一番說話由古天樂說，可能影響十萬人；由我和你這類普通人說，可能只影響到一千人。但從另一個角度講，如果你沒有觀點，即使你是名人，你的內容亦不會銷售到自己。

　　同時有觀點的內容，比較容易吸引貼文互動，認同你的人會留言讚好分享，即使不認同你的人也會跟你互動，這些互動有助激活社交平台的演算法，令平台推送你的內容。試想像你會在一套電影的簡介文章下互動嗎？還是你會在一位影評人為電影寫的觀後感文章下互動呢？那些觀後感就是觀點，而如果你是一位不習慣發表觀點的人，可以先參考別人對事情的觀點，再抽取你自己同意的部分，重新以自己的文字或說話發表，但切忌搬字過紙，那是抄襲，是絕不容許的。

　　謹記世界從來不缺乏內容，但是非常缺乏觀點。如果你認同我這個觀點，就立即坐言起行，做內容營銷吧！

# 如何面對網絡 *Haters*？

很多人雖然想嘗試經營社交媒體，為自己建立知名度和影響力。但很多時都遲遲不肯踏出第一步，其中一個常見的原因，是怕在經營的過程之中，會遇上網絡攻擊和網絡欺凌，即是遇上 Haters（酸民）。在網上留言攻擊你、謾罵你，甚至侮辱你，網絡欺凌的確每天都在發生，但因為這樣就放棄經營社交媒體，是因噎廢食。

如果你懂得利用，Haters 其實很有用的。

## 網絡 Haters 出現的原因

在網絡世界，很多人會做出平時不敢做的事。例如說一些平時不會說的話，原因是他可以在網上隱藏自己的身份，所以做事會更加大膽，更加極端。而事實上除非你在網上做一些犯法的事，要承擔法律後果，如果你只是言語欺凌其他人，例如說其他人樣子醜陋、嘲諷別人等等，很多時真的沒有太大後果。

我們作為一個社交媒體的經營者，「食得鹹魚抵得渴」，亦都要有心理準備去面對這些 Haters。然而，Haters 是否洪

水猛獸，要令到我們害怕，害怕到因為他們而放棄經營社交媒體呢？通常有 Haters 找上門，有兩個原因：

第一個原因：言論

你的言論非常惹火、偏激，例如你發表了一篇內容，說女人一定要找有錢人作為男朋友或者老公，通常這些偏激的言論，會引來很多 Haters。另外政治和宗教話題，都會很大機會吸引 Haters，因為這些話題多數帶有立場，而不論你站在什麼立場，都必定有與你立場對立的人，這些人很大機會攻擊你的言論，所以如果你真的很害怕 Haters，就不要發表這類言論。

但是有時你的言論不偏激都會有 Haters 的。當你已經具備了一定程度的影響力，這個就是 Haters 找上門的第二個原因。試想想你寫的文章，你拍的影片根本沒有人看，Haters 根本不會發現你。當你的影響力足夠大，影響的人足夠多，Haters 才會慢慢出現。曾經有一位學員向我表示，她想開始經營 Facebook、Instagram，甚至想經營 YouTube 頻道，但他憂慮自己成名之後，會影響自己的日常生活。

之後我告訴這位學員，你太杞人憂天了！你知道要成名是很困難的嗎？我到了這一刻，在街上也沒有人認出我，你看看明星的 Facebook、Instagram 留言，當中可能有一部分的

Haters，原因都是他們成名了才出現。如果你是一個沒有人認識，沒有人關注的普通人，何來 Haters？

從另一個角度講，當你發現有 Haters 找上門。代表你已經具備一定的影響力和關注，那麼你認為這是好事還是壞事呢？

其實 Haters 並非洪水猛獸，只要你調整一下心態，你會發現 Haters 是很有用的。如果大家真的遇到 Haters，大家一定要好好利用他們。因為其實他們是很有用的。例如如果有 Haters 在你的文章留言，你可以回應他。為什麼？因為 Haters 通常是比較清閒的人，他們很喜歡透過爭論去刷存在感。你回應他，他也會很快回應你，這樣一來一回，你的文章就會出現很多的留言。在演算法的角度，演算法是不會判斷留言是否來自 Haters，他只會發現這個文章有很多人留言，似乎是一個很高質量的文章。這樣演算法就會將這篇文章推送給更加多人看，Haters 在無形中幫助你宣傳了。

至於如何回應 Haters 留言？首先並不是所有提出負面意見的人都是 Haters。一些理性的批判，我們應該首先多謝對方，然後再反省檢討。但一些惡意攻擊和欺凌，是展現你 EQ 和創意的時候，只要你不和 Haters 一樣以謾罵回應，其實你說什麼都可以。

分享一下我的例子。有一位網友，他在我其中一集 YouTube 節目留言，他說：「收皮啦！四周年這種訂閱數，有資格教人銷售，你不如去食屎比較容易做到。」很明顯這是位 Haters，我便回應他：「看漏了你這個留言，隔了兩個月才回覆你。抱歉！近來生活好嗎？」只要你不和對方互相指罵，其實你怎樣回應都可以的。其他正常人看到你大器的回應，亦會增加對你的好感。所以你懂得如何利用 Haters，其實他們是十分有用的。

在網上遇到 Haters，可說是網絡營銷的路上一個必經階段，他可能會為你帶來一點漣漪，甚至是一些衝擊、打擊，但不應該為此而放棄走下去。好比每個人在學習踏單車的過程中，都總會跌倒過，但人就是在這些跌跌碰碰的過程中成長和進步，若成功的過程太過輕鬆簡單，那麼成功還值得追求嗎？

# *EQ 主宰你的銷售業績*

EQ 即是 Emotional Quotient，中文叫情緒商數，簡稱情商。很多人都誤解了，以為高 EQ 的人都沒有情緒，以為他們無論面對什麼事情，都沒有感覺。事實並非如此，高 EQ 的人也有情緒，只不過他們懂得運用合適的方法，處理情緒，他們可以控制情緒，駕馭情緒，相反地，低 EQ 的人就是被情緒控制，被情緒駕馭。

例如今天你去吃飯，侍應不小心將一杯飲品倒在你身上，無論 EQ 高低的人。當下都會感到很憤怒、很尷尬、情緒一定會出現的，但是 EQ 低的人會立刻破口大罵對方，甚至大打出手，因為這刻他被情緒控制，做出很多不理性的行為。而一個高 EQ 的人，面對這種情況，他也會有情緒，但他處理這件事的方式不會訴諸於非理性行為，他可能會找餐廳經理投訴，要求賠償。然後找一家店舖購買新衣服更換，EQ 高的人不是沒有情緒，而是可以控制情緒。

而另一個常見的誤解，就是很多人以為 EQ 低的人，就是容易發脾氣的人，但其實不只發脾氣。如果你是一個很容易，灰心、失望、放棄的人，其實都是 EQ 低，因為同樣地都是無法處理情緒，被情緒所控制。

到底 EQ 同銷售有什麼關係？我會從兩個角度去講解：

## 處理異議角度

大家有否試過，或見過其他銷售人員跟客戶吵架？例如銷售員本身很熱愛自己的產品，覺得自己的產品是天下無敵。當客人提出質疑時，銷售員就覺得自己被冒犯，便氣上心頭，開始與對方爭論。結果銷售員真的很了解產品，所以他在爭論之中勝出，但客戶因為不喜歡這個銷售員，所以就不和他交易。這個銷售員贏了爭論，輸了生意。

高 EQ 的銷售員，面對客戶的異議，即使這個異議是多麼荒謬、多麼無稽也好，他都會嘗試了解為何他會有這個想法，這個便是高 EQ 的做法。做銷售員另一種考驗 EQ 的情況，是面對業績低迷時的反應，EQ 不是單指容易生氣、發脾氣，一個 EQ 低的銷售員，當遇上業績低迷時，他便會灰心、失望、質疑自己，甚至想放棄，因為負面情緒，完全主導了他的思想和行為。

高 EQ 的銷售員，遇上業績低迷的時候，他們都會不開心和難過，但他們的處理手法，是要找出業績低迷的原因，或是嘗試新方法。就算最後決定放棄，都是因為嘗試了新方法都無效，與其死守不如盡早離場，結果都是用理性的方法處理。

## 人際關係角度

還有一個情況便是人際關係，高 EQ 的人比較有同理心，同理心即是體諒和理解別人情緒的能力。做銷售很依賴人際關係，無論是客戶同事或者合作夥伴、供應商等等，你如果跟這些人關係好，每個人幫助你一點點，結合起來，幫助你的力量便會很強大。相反如果全部人都不喜歡你，每個人都阻礙你的發展，那你便寸步難行。

而人際關係的基礎，便是同理心，同理心如果以一個比較貼地的方法去演繹，便是要「識做」。有同理心的人，便是一個「識做」的人。例如開會時，老闆提出一個建議，你知道這個建議是不可行的，如果你直接否定他，老闆在所有人面前沒面子，這樣你便 EQ 低，沒有同理心。

高 EQ 有同理心的人，是不會直接否定老闆。可能他會先贊成老闆的想法，再在執行細節上，補充一些想法和意見，顧全老闆的面子，再處理細節問題。就算結果真的行不通，老闆也不會不喜歡你。

講了這麼多關於 EQ 的事，那到底怎樣才能提升 EQ ？首先我建議大家，要多讀書、多學習知識，因為學問本身是理性，它可以馴化人的本能。例如人的本能是貪婪的，但因為你有讀

書，明白是非道理，你知道不能貪圖別人的財物，這個便是用學問馴化本能的例子。

另一個提高 EQ 的方法，就是要多些經歷。你發現經歷越多的人，對世事越看得通透，越不會被情緒所控制，所以多接觸不同的人和事，多點走出舒適圈、多些經歷，對你提升 EQ 很大幫助。

# 如何回應客戶說：
# 「我只是隨便看看。」

　　大家做銷售時有沒有遇見過，一些戒心非常重的客戶？例如你做保險的，朋友一見面就告訴你：「好了，我所有保險都買過了。」又例如你做零售業的，客戶一進店舖就告訴你：「我只是看看，不會買東西的。」你有遇見類似的情況嗎？這類客戶的戒心非常重，因此他們一開始便杜絕你的希望，想令你死心、令你放棄向他銷售，聽起來很棘手，但我有一招獨門秘技，可以將這些戒心化解於無形！本篇會為大家分享這招秘技。

## 客退一步，我退兩步

　　面對這些戒心重的客戶，我有一招處理手法很有效，這招叫做「客退一步，我退兩步」。你想像一下，當客人告訴你，他什麼保險都買過了，或他說自己只看不買，感覺上他是否想退後一步，跟你保持距離？

　　這時大部分的推銷員有兩個反應，第一是啞口無言，放棄銷售；第二是坊間成功學，用一些洗腦式的處理方法。他們的說法多數是令客戶不要覺得自己在被推銷，推銷員是幫助他們，

是跟他們分享一些很重要的知識。你只要相信自己的產品是幫助到客戶，你就不怕任何拒絕，並會勇往直前。不是說笑，這些說話聽得多會變笨的。因為你沒有認清問題的本質，現在客戶處於一個防範你的狀態，你的產品有多好，不是這一刻要交代的事。你要先讓他放下戒心，未放下戒心之前說什麼都是白說。情況就好像他退後一步後，你還要步步進逼，這只會讓他更遠離你，甚至是反抗。

那如何讓客戶放下戒心呢？當客戶退一步，想和我們保持距離時，你就要退兩步，你要比客戶表現得更加不重視、更加不在乎。當你退後兩步後，對方認為你沒有攻擊性，戒心便會消除。具體做法是如何呢？

## 比客戶表現得更不在乎

假如你是做保險的，朋友一見面便說：「好了，我所有保險都買過了。」你可以回答他：「你都買過就好了，我最怕朋友知道我做保險後，覺得我約他見面便是為了推銷保險。當然，如果你有這方面需要，想我提供意見是沒問題的，但千萬不要因為支持我而跟我買保險，我最不喜歡簽這些人情單。」

當對方說已買過所有保險，而你說你最不喜歡的便是人情單，就是表現得比他更加不重視、更加不在乎，你比他退得更

後，好像退了兩步一樣，他認為你沒有攻擊性，戒心便會放下。當他沒有防衛心，你就可以計劃如何銷售。

零售業可以怎麼辦？當客戶說「我只是看看，不會買東西的。」你可以回應：「沒問題，看多久也行，不用錢的，來涼涼冷氣也好。」同樣地你比客戶退得更後，防衛心也會徹底被解除。

歸根究底，銷售最重要是懂得人性，明白人喜歡什麼、討厭什麼，然後因勢利導，見招拆招。銷售做得不好，撇除環境因素，原因是你在做著違背人性的事情。其實我認為學習銷售最好的方法，就是當你作為客戶，面對推銷員的時候，感受一下推銷員銷售產品時，他的說話、語氣、態度、動態帶給你什麼感覺，若他為你帶來正面的感受，就把這些方法記下來留為己用，若他為你帶來負面感受，就想像一下他怎樣說、怎樣做，才會令你感覺良好，因為你也是人，你也有人的本性，從自己身上了解人性，才是學習銷售的終極法門。

# 萬用口才公式
# 極速提升表達能力

大家有沒有聽過一個笑話，原來說話的次序，會影響一個人對事物的觀感。例如一個女大學生，夜晚兼職在餐廳賣啤酒。很多人聽到第一個反應，就是大學生為什麼要做這些？但如果更改一下次序，變成說一個夜晚在餐廳兼職賣啤酒的女生，早上一早起身去大學聽書上課，整件事便會立即變得很積極、很正面。但其實根本是同一個人、同一件事。

接下來為大家介紹一條萬用口才公式，它將一些對話的元素，重新排列次序，懂得運用這個公式做銷售、開會，對提升你的表達能力有很大幫助。

這個萬用口才公式就是：結論＋原因＋結論＋建議

## 以結論開頭

和別人溝通時，不論你是回答別人的問題，還是發表自己的意見，你一定要將結論放在開頭。因為當你回答別人問題的時候，別人最想知道你的結論，而當你發表自己意見的時候，你的結論亦是最吸引別人聽下去的元素。之後用原因去解釋，

為什麼會得出這個結論。然後再重複一次結論，加深對方的印象。最後視乎情況，再看看是否需要給建議。

舉個例子，你問一位朋友：「今晚有空嗎？一起吃晚飯。」表達能力低的人會先跟你講原因。例如他會這樣回答：「我今天很忙，明天要交報告，同事又幫不了忙，我媽又整天叫我回家食飯，我還是不來了。」雖然他有給結論，但他一開始講原因，在你不斷聽他說講原因的過程中，就要猜測他的結論。在於問問題的人的角度，他最想知道是你的結論，所以應該先表達結論。

如果套用萬用口才公式，你應該這樣回答：

「我今晚不能和你吃飯。」這是結論；

「因為我今天很忙，明天要交報告，同事又幫不了忙，我媽又整天叫我回家食飯。」這是原因；

「所以我今晚還是不來了。」再重申一次結論；

「過了下個星期，空閒些我再約你。」最後給建議。

這樣答問題，你認為會否清晰很多？

換轉另一個場景，今次並不是要答問題，而是要在公司會議之中發表意見，一開始都是要先講結論。例如：「我們公司今年的市場推廣預算要增加 25%。」其他人聽到你這個結論，內心很自然會問為什麼。當他問為什麼，即是他對你有好奇心，

亦即是他的專注力會投放在你身上。之後你便要講原因：「因為現在的宣傳平台越來越多，我們要全方位去接觸我們的目標客戶，比我們的競爭對手早一步去佔據我們客戶的心智，所以我們提議，今年要增加 25% 的預算。」重申一次你的結論。之後再講建議：「我建議我們要做幾個線上線下的，大型活動……」

在萬用口才公式中，結論出現了兩次。結論固然非常重要，但留意不要只給結論，純粹表達立場，而不告訴別人原因和建議，這種也是無效的溝通。因為除非你和別人的想法完全一致，否則存在分歧是必然的，溝通的目的就是收窄分歧、求同存異，最終達成共識，如果只是純粹表達立場，分歧不但無法收窄，甚至可能走向極端。萬用口才公式就是可以令你完整表達意思，不會被誤解，而且可以逐步收窄分歧的方法，大家應多加運用。

# 產品定價技巧：
# 令你賣得貴、賣得多

有些產品會以低價薄利多銷，以銷量賺取利潤，也有產品定高價，實行「三年不發市、發市當三年」的策略，然而不同定價背後，都有著一套通用的定價技巧。了解這些技巧，可以令你的產品定價比其他人高的同時、銷量也能節節上升！本篇為大家分享比較常見的三種定價技巧。

## 第一種：成本定價法

根據你的生產成本，乘以一個你認為合適的利潤率，便是定價。例如你的產品成本是 100 元，利潤率是 50%，產品定價便是 150 元。這種方法的好處是簡單，基於一條非常簡單的乘數，任何人都懂得計算。但問題亦顯而易見，那就是完全忽略市場考慮，因為不論成本或利潤率，都只是站在定價者角度看，而忽略了市場是否接受這一口價。如果市場根本不接受，無人或只有少數人買，這種情況便是有價無市。

由於這種定價方式並不考慮市場狀況，只適合一些獨特性很高，沒有或很少替代品的產品。在香港比較近似的例子是電

力供應，根據香港特區政府的《管制計劃協議》，中電和港燈兩家電力公司，可以賺取公司固定資產平均淨值 8% 的利潤，無形中亦規管了電費價格，原因是電力供應行業門檻極高，不容易存在競爭，為避免電力公司謀取暴利，政府需要管制電力公司的利潤。

## 第二種：競爭定價法

和成本定價法剛剛相反，競爭定價法是根據市場競爭對手的狀況，以及自己的市場策略來定價，這種定價可再細分成三種：

1. 賣家參考市場同類型產品的定價，然後跟隨市場的平均價定價。

   這種方法的好處，是對於銷量有一定程度的保障，因為定價與對手差不多，消費者比較容易接受你的產品。但同時亦很難做出產品的差異化，既然定價差不多，產品的設計、生產、宣傳上，亦很難投入比競爭對手更加多的資源，結果產品差異低，培養忠誠客戶的難度比較高。

2. 刻意比市場競爭對手定價高。

   定高價的原因很多，可以跟市場差異化，吸引市場注意力有關，不一定為了銷售。例如內衣品牌 Victoria Secret，在 2019 年之前，每年都會舉辦盛大的內衣

Show，每次都會展出一套 Fantasy Bra 的天價內衣，
這套內衣高定價的原因，非為了賺錢，而是為了吸引傳
媒及公眾的注意。

3. 刻意比市場競爭對手定價低。

目的是盡快搶佔市場份額，這種方法適用於重複購買使
用的產品。例如迷你倉，新客戶租用迷你倉有很多優惠。
因為首月便宜一點沒有大礙，迷你倉一般也會長期使用，
而且沒有特別原因需要轉變。用低價吸納新用戶，當他
成為了長期客戶之後，很快能賺回開始時的低價。

## 第三種：價值定價法

這是根據客戶對產品的價值、認知去定價。簡單來說，便
是根據客戶願意花多少錢來定價。用香港人常用的說法，便是
「海鮮價」，常見於個人專業服務，例如室內設計。好處當然
是收益最大化，前提是你必須有大量的前期工作，去建立你在
客戶心目中的價值。例如品牌、宣傳、商譽、客戶服務及售後
服務，要有足夠的配套，你才可以收「海鮮價」。

前面提及，如果想定價比對手高，便要做差異化。那麼如
何做差異化？這裏我提供一個簡單的做法，就是收窄你的市場，
令你的產品更針對性服務一類型的客戶，便可以成功創造差異
化。舉一個經典的商業案例，大家一定聽過「必理痛」，也大

機會服用過。必理痛旗下有一產品，專門針對女士經痛，加入經痛配方，售價比一般的必理痛產品貴一元。但大家又是否知道，必理痛的經痛配方，成份和一般的必理痛是一樣。換句話來說，男人也可服用經痛配方。

為何必理痛的經痛配方，定價可以比一般的必理痛高？原因在於具有差異化、針對性，針對有經痛問題的女士。如果你是一位女士，正受經痛困擾，想像一下，你去到便利店。貨架上有兩件產品，一件是必理痛的普通配方，一件是必理痛的經痛配方。而經痛配方賣貴一元，請問你會如何選擇？

如果你不知道兩種配方一樣，你很大機會選擇經痛配方，就算這刻你已經知道，可能也不介意多付一點。因為你覺得產品具針對性，你買這件產品心理上會舒服一點，所以提高定價的簡單方法，便是做少些、定貴些！

了解過以上幾種定價技巧後，相信大家對於各定價法的使用情境、優缺點都有更進一步的認識，想要制定出吸引人的產品價格，關鍵還是離不開知己知彼，從自己、競爭者、消費者三大面向作出深度了解，再透過觀察市場反應，評估不同定價技巧帶來的成效，再作出優化和調整。生意、生意，那真的是「生」的，有生命的，唯一不變的就是改變。

# 推銷員點解咁鍾意
# 講解產品？

如果你對銷售技巧有基本認識，相信你會知道，銷售過程當中不應過多講解產品，應該多花時間了解客戶。這番說話大家應該聽過無數次，大家亦明白這個道理，問題是很多時你都做不到。銷售過程中，你總是不由自主，把你說話內容集中在產品介紹上，知道為什麼嗎？

在和客戶交流的過程當中，銷售人員不外乎做兩件事情：發問和講解。

為何大家總是不由自主開始講解產品？這和你的深層次心理因素有關。每家公司都會為銷售人員提供產品培訓，而且銷售人員每天對著產品，他們對產品資訊已經背得滾瓜爛熟。因此對銷售人員來說，講解產品在心理上是最舒服的事，而且掌控程度最高。因為他只需要講解認識的部分，不懂的部分就不提及，而不提及，客戶就不知道他不懂，所以銷售人員明知過度集中講解產品，對銷售毫無幫助也好，但因為這樣做對他來說最舒服，所以都會選擇過分講解。

相反，如果銷售人員不斷問問題，就要面對一種風險，便是你控制不到客戶如何回答，你有機會不懂應對他的答案，心理上為了逃避這個風險，就會減少問問題。結果你對客戶了解不足，無法成交。真正令你墮入講解產品的原因，是你心理上逃避風險的本能。

我舉一個親身例子，初初出道做培訓時，我接了一份工作，要做一個六小時的全日培訓。當時我從未試過長時間的培訓，而且初出道經驗不足，我害怕自己不懂應對學員的問題，因此不敢安排互動環節。結果我製作了一個接近三百頁的簡報，六個小時內我不斷講解，課程完結後我筋疲力盡，而且學員過程中也很辛苦，整個課程都是單向溝通，因為我知道互動有風險。

現在大家了解原因來自心理因素，解決方法都是從心理上下功夫。我引用一個有趣的例子，電影《捉智雙雄》Catch me if you can 中，迪卡比奧飾演的角色是真實存在的，他是一位六十年代臭名昭著的詐騙罪犯，他曾冒充老師身份，在大學教了一個學期的社會學。他被捕後，警察問他沒有讀過社會學，為什麼可以上堂授課？騙徒的回答非常精彩，他說我只需要在上堂之前，比我的學生多讀一個章節就可以了。他的意思是，不需要學懂所有社會學的學問，我只需要比我的學生多懂一點，我已經具足夠條件教授。

套用在銷售人員身上亦一樣，我們不敢問客戶問題，是因為怕自己不懂應對。但是我們即使不是頂尖專家，只要我們比客戶多懂一點，我們便可以成為客戶眼中的專家，答案已在客戶心中具參考價值。因此不用為了追求安全感，而把與客戶的對話只集中在產品講解上。

而銷售時發問的問題，大致可分為兩個目的，第一是了解客戶的動機，第二是了解客戶的需要，兩者之間以了解動機尤其重要。

需要是客戶想買什麼產品；動機是客戶為什麼需要買產品。大部分銷售人員都懂得透過發問了解客戶需要。例如你是一位花店店員，客戶走進你的店舖時，你會問他想買什麼花？送給誰？何時需要？送貨還是現在拿走？這些都是需要層面的問題，大多數人都能做到，可是這樣做，客戶即時購買，都只是為產品購買，跟你是毫無關係的，若你的價格不是最好，他還不一定跟你買。

正確的做法是詢問客戶的動機，你應該問客戶為什麼要送花？因為求婚？因為道歉？因為生日？因為畢業？了解過客戶的動機後，你才要客戶講解產品，求婚最適合用什麼花？什麼花的花語是道歉？生日派對應該用什麼花？什麼花跟畢業袍的顏色最配襯？這些講解都能顯得你比產品更有價值，你不是純

粹一個花店店員，而是能給他提供專業意見的顧問。這一切都由你問對了一條問題開始，所以不管你對產品有多了解、多熟悉，請先忍耐一下，以問題去開展你跟客戶的對話。

# 科學化激勵
# 令你堅持跑數！

　　堅持、努力、不放棄！如果大家是銷售團隊領導，你也可能用過這些用詞語，來鼓勵前線銷售人員，勇往直前去銷售，但大家認為這些說話有效嗎？同事們有沒有因為這些說話，而變得很堅持、很努力、很不容易放棄？可能有一部分人會，也有一部分不會。會的那群人，可能比較情緒化一點，可能比較容易接受激勵性、情緒性的表達，只要有感覺就可以了。但有一部分人亦比較理性，思考邏輯性強，比較重視因果關係，如果你只是心靈雞湯式鼓勵他們，對他們的效用可能非常有限，而我認為自己就是這種人。因此在堅持努力不放棄的背後，有沒有一些理性的原因，去支持這些觀念？令一些像我這種比較理性的人，明白為何堅持不放棄？

## 看懂事物背後的原理

　　我喜歡解釋原理，我不單講解事情如何發生，我更會講解它為什麼發生。例如我不會只教導客戶回應「我考慮一下」後如何應對，我還會講解客戶說這句的背後原因。知道又如何？當你知道方法，你只能擁有解決少部分問題的能力；而當你知

道原理，你就能解決大部分的問題。打個比喻，當你知道 1+1 等於 2，如果你只知道方法，你只能解決 1+1 這條數學題。但如果你明白加減乘除的數學原理，你就能解決很多數學問題，因此明白原理，是提高你解難能力的關鍵。

## 堅持努力不放棄的原理

回到主題，很多銷售領導會用堅持努力不放棄，來鼓勵前線銷售人員，只要做到堅持努力不放棄，客戶就會和你成交，這種講法背後的原理是什麼？我們可以分開兩個角度。

首先從銷售人員角度，假設你是第一次做銷售，銷售時你可能會感到尷尬生硬；第二次會容易一點，減少了一點陌生人的尷尬；第三次你已非常自然，對答如流。但從客戶角度看，當他第一次拒絕你時，對他來說是容易的；第二次的時候會比第一次難，而且再拒絕下去，每一次都會比上一次困難，兩者角度之間的分別，你看到什麼？就是隨著時間推移，銷售的壓力會越來越小，反而拒絕的壓力會越來越大，成功機會越高，這才是堅持的理由。

生活大小事情也是如此，你跟別人借錢，第一次借不到、第二次借不到、第三次對方也不好意思推卻；你想邀請女孩子約會，第一次約不到、第二次約不到、第三次對方也不好意思

拒絕，當然前提是你不是一個惹人討厭的人。所以堅持為何會成功，因為對方的壓力會越來越大。

我們現在換一個講法，我們不是堅持銷售同一個客戶，而是堅持在同一個行業發展。當你剛剛進入一個行業時，因為缺乏經驗，所以你不懂應對客戶的疑問或拒絕，因此你銷售失敗。但其實在不同行業，你遇到的問題都大同小異，你遇到的問題越多，你解決到的問題也越多，漸漸你便成為專家。謹記猜謎語最厲害的人，不是最聰明的人，而是聽過很多謎語的人。這些都是隨著時間推移，時間給你的紅利。如果你不堅持你就拿不到這些紅利，這就是堅持的理由。

同樣是堅持努力不放棄，你可以把它視為一句口號，令它成為一種信仰，也可以用科學化的方法解釋原理。採用哪種方法，取決於你面對的人是誰，再因材施教。1992 年電影版的鹿鼎記，當中有一段深入民心的情節，陳近南（劉松仁飾演）教導韋小寶（周星馳飾演），有些人要用宗教式的方法去催眠他們，令他們相信自己做的事是正確的，反清復明只是一句口號，跟阿彌陀佛是差不多的，但是某一類人，要跟他們談利益講回報，基於思維方式不一樣，影響他們的方式也不一樣，結論也是因材施教。

# 億萬富豪做銷售
# 超班恐怖實力

　　我曾經講解頂尖銷售人員要擁有企業家心態，後來不少人和我反映，該影片對他們具有啟發性。較早前在網上看到一個真人騷節目，這個節目成功地證實了企業家心態的重要性。這個真人騷安排一位美國億萬富豪去到一個不熟悉的城市，並且需要隱藏自己的身份。在只有一部手機、一輛車、100 美元的情況下，要用 90 日時間去創立一家估值 100 萬美元的公司。初期他為了要獲取資金，需要做銷售工作，而他以企業家思維做銷售，完全是降維打擊。當中一些他的銷售心態和手法，很值得和大家分享。

　　這個真人騷節目英文原名叫 Undercover Billionaire，中文譯名《富豪谷底求翻身》。2019 年時在 Discovery Channel 播出。真人騷主角叫 Glenn，他是個白手興家的億萬富豪，從小家境貧窮，全家都有酗酒問題，他小學四年級時被留級，亦在十四歲時就令女友意外懷孕，因而奉子成婚。但他在逆境中爆發潛能，二十五歲創立斯登私人信貸公司（Stearns Lending），而且憑著超強的經營能力，公司成長得很快，其

公司在 2013 年被評為美國第五大私人抵押貸款機構，2015 年
以 22 億美元出售公司，因此是名乎其實的億萬富豪。

　　Glenn 為了令大家相信，即使今時今日一個無人脈無資源
的人，一樣可以透過自己努力去改寫命運，所以決定參加這個
真人騷節目。節目要求他隱藏自己身份，去到一個陌生城市，
只有一部電話、一輛車和 100 美元情況下，如果在 90 日內建
立不了一個估值 100 萬美元的項目，他便要拿出 100 萬美元資
助這個項目繼續運作。

　　挑戰剛剛開始時，因為資金非常有限，所以 Glenn 在訂立
他的創業項目之前，要先解決日常生活開支。他去找工作，但
很多技術工作都不適合，所以他去做一個入場門檻最低的工作，
那就是銷售。

　　他的第一份銷售工作在玩具公司賣塑膠球，他去公園向寵
物主人推銷，結果賣不出。Glenn 很是氣餒，不過很快調整
心情，加上以企業家的智慧，檢討自己失敗的原因。他發現自
己原來沒有遵守一直以來的銷售原則，即是 Find Your Buyer
First「首先找到買家」，找到需求，再用產品去滿足需求，而
不是拿著產品到處找人買，這是一個很典型的企業家思維模式，
一般銷售人員通常都不是這樣思考的。

後來 Glenn 身處的城市有個一年一度的節日。Glenn 打算節日在街上兜售飾物賺錢，這些小生意在香港亦很常見，雖然他有成交，但數量不是很多。後來發現什麼人最需要這些飾物呢？原來是酒吧內的人，因為酒吧燈光比較暗，如果身上有些發光飾物，他們會很突出。而且只要有一兩個人光顧，客人便會帶動其他人。結果證明 Glenn 的策略正確，他的產品很快便賣光，賺到一個可以維持他基本生活的資金。

後來 Glenn 賣車胎、賣車及賣樓，從而累積資金啟動創業項目，每個過程細節以及他最終能否達成 90 日建立價值 100 萬美元事業，這裏我不詳細講解。有興趣可以在 YouTube 搜尋節目名稱，觀看足本節目，我認為非常值得觀看。

這裏我想集中討論，為何企業家思維可以令你做到 Top Sales？因為一般銷售人員的思維是思考如何令產品賣出去，他們會不斷強調產品的優點，不斷放下身段去討好顧客，甚至有些是產品狂熱分子，因為自身極度熱愛產品，因此「見人就 Sell」，這種現象在直銷界尤其常見，他們的著眼點是產品。

而企業家的想法是市場或客戶需要什麼產品，企業家的著眼點是人，因為付錢購買產品的是人，使用產品的也是人，所以人才是做銷售時要重點處理的事情，兩者出發點不一，這個思維上微妙的差異，決定了你的銷售成績。

王老吉是中國以至華人世界著名的飲品品牌，在過去一段很長的時間裏，他的品牌口號都是「健康家庭，永遠相伴」，這個聽上去似懂非懂，又不溫不火的口號，未有為王老吉帶來顯著的業務增長。到了 2002 年，王老吉花重金委託了一家諮詢公司，為他做了詳細的市場研究，發現銷量最好的地方是火鍋店，諮詢公司再訪問火鍋店的食客，為什麼吃火鍋時要喝王老吉？答案是因為吃火鍋會上火，所以喝王老吉涼茶來避免上火。

自此王老吉掌握了消費者的購買按鈕，品牌口號改為「怕上火，喝王老吉」，重新定位產品，結果銷量如脫韁野馬般瘋狂飆升，由過去年銷 1 億，一路飆升到最高 200 億，王老吉品牌口號的故事，一直是商業上為人稱頌的案例。

如果你想在銷售能力上取得突破，除了銷售技巧、銷售話術這些技術層面上的提升，還要令自己擁有一個企業家的腦袋，試著把自己的注意力由產品，轉移到人身上，你會看見一個從未發現的新世界，也會看到自己一直未能衝破的瓶頸。

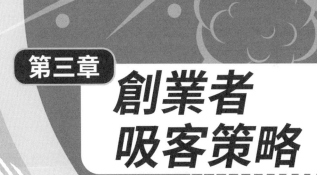

第三章

# 創業者
# 吸客策略

# 創業前先做好 *3* 種準備，
# 否則注定失敗

　　現今創業的門檻比以前低了很多，以前創業花費不少在租舖位、寫字樓、裝修、聘請員工、買貨等等，起動資金至少要有幾十萬。但現在有互聯網的幫助，大家可以用很低的成本來創業。例如我本人，在創業初期以幾千元租用了一個工作室，再買幾件家具簡單佈置一下，起動成本低於兩萬元，便開始了我的創業生涯。正正因為創業門檻低，很多人開始嘗試創業，而我作為一個過來人，本篇想跟大家分享創業時需要注意和準備的事項。

## 創業需要熱情

　　當你開始創業，第一樣你需要知道的，是創業需要熱情，但是不能單靠熱情去創業。跟大家分享一個案例，一位辦公室文員，厭倦了朝九晚五枯燥乏味的生活。她對香薰蠟燭很有興趣，所以便辭了職，開始做香薰蠟燭生意。她租了一個工作室，買了些原材料，然後生產了一些香薰蠟燭在網上銷售。主打賣點是人手製作，她的產品雖然有人購買，但因為人手製作，需

投入的時間很多，變相要不斷生產才有存貨出售，但即使不斷做，產量依然很少，因為她只有一個人、一雙手。

因此她改變策略，辦課程教人製作香薰蠟燭，希望透過課程，教會一群學生製作香薰蠟燭之後，這群學生再成為她的製作團隊，產能便可以上升，從而提升生意額。結果她的香薰蠟燭課程，確實吸引到人報名，不過學生只是當興趣般學習，沒有打算把這種手藝變成職業。同時她的香薰蠟燭課程，只能透過志願團體、非牟利組織開辦，所以課程收入也非常有限。

結果她處於兩難局面，繼續做下去也只能靠自己雙手做，錢可以賺到一點點，但失去時間、失去生活；不做下去便會蝕租金、蝕時間，以及打擊自己創業的信心，所以她非常煩惱，這個問題為何會出現？因為她單靠熱情去創業！

## 創業不只需要熱情

創業要做我們熱愛的事是無可厚非，但是不足夠。既然創業是要做生意，就必須具備一定的商業頭腦。剛才提及的例子，她創業之前並沒有想清楚，公司的營利模式是怎樣，即公司透過什麼來產生收入。這種方法的優點及缺點是什麼？有沒有可持續性？這一系列問題她都沒有思考清楚。

當然我們不會有 100% 成功的方案，很多想法、計劃要透過執行去嘗試及修正，但我們至少要有一個在構思之中行得通的方案。構思之中行得通，現實也可以行不通，但如果構思之中也行不通就去實行，這跟賭博沒有分別。

## 工作和生活共存

另一樣我認為創業者要有的心理準備，是工作和生活將會共存。打工的時候，下班和放假便是你工作完結的時候。但創業者很難將生活和工作完全分開，所以要接受工作和生活是密不可分這個事實。尤其是小型創業，創業初期你就是整間公司最主要的人力資源，不論客戶、供應商、合作夥伴、員工都是指向你，所以你很難做到下班後不管事的狀態。

如果你是一個追求 Work Life Balance，下班後完全不理會公事的人，當你開始創業，你就要接受 Work Life Integration 這個生活模式，甚至要享受工作成為你生活的一部分。

例如我是一位銷售教練，即使我不在上課，或者在辦公室中工作，我做客戶時都會觀察對方如何向我銷售，他做得好及不好的地方，將來會成為我的教材。同樣地，為何我持續地有題材拍 YouTube 影片？因為我的題材來自生活，無論上課、做諮詢、會客、閱讀都會為我提供題材。我的生活及工作非單止

沒分開,而且是完美地融合,有意創業的人你都要有這種心理準備。

## 長期焦慮感

分享多一種創業要有的準備,就是準備要有長期的焦慮感,當然我不是指病態的焦慮,是要對自己的生意有前瞻性,要預視到一些負面因素出現的觸覺。這些因素可能是客戶、法例、競爭對手、科技等等。就算你今天多成功、多風光也好,你內心也要有種焦慮感,知道這些風光非但不是永遠,而且很短暫,要為這些因素出現變化隨時做好準備。

這就是 Steve Jobs 所說的 Stay Hungry, Stay Foolish。正正因為我們有焦慮感,我們對新知識、新技術、新情報都會非常渴求。創業某程度來說是一件自虐的事情。

要承擔風險,又要放棄 Work Life Balance,又要長期焦慮,為何還要創業?我想每個人的原因都不同。我的原因是,我想做自己的主人,我想在短暫人生中,建立屬於自己的東西。請注意,具備以上條件,只代表你心理上已經準備好創業,對創業沒有一些不設實際的想像,但不等於你會創業成功,因為成功需要太多因素配合,甚至還需要一點運氣。只是當你在思維上,對創業有正確理解和認知後,你才有成功的機會。

# 一人創業者
# 必須知道的成功關鍵

不少人有興趣創業，但剛剛起步時可調動的資源非常有限。最大可調動的資源就是自己。加上網絡事業的商機越來越多，所以一人創業的模式，亦都越來越普遍，尤其是一些專業服務的提供者，例如設計師、攝影師、化妝師、風水師等等，很多都是以一人創業模式經營，但不要低估一人創業，用對方法一樣可以做大生意。本篇會分享一些一人創業的心得。

在分享心得前，先要為大家界定清楚兩個觀念，這兩樣觀念是經常被模糊的，就是「一人創業」與「自僱式工作」到底有什麼分別？這兩種經營模式很相似，所以經常被混淆。

例如一個髮型師上門為客戶剪髮和做造型。你認為他是一人創業，還是自僱式工作？一個接案做影片後期製作的剪片師，他又是屬於一人創業，還是自僱式工作？從表面看是很難判斷的。

我認為一人創業和自僱式工作的最大分別，是在於那個人有沒有企業家精神，那到底什麼是企業家精神？概括地說，便是冒險精神，敢於承擔風險、敢於嘗試、不安於現狀等等的心

理素質。如果你具備以上的心理素質，一人創業對你來說，只是階段性的經營模式，你不會安於一直停留在這個階段，你會想發展和改變，建立自己的團隊，甚至發展成企業化的經營。而自僱式工作者，他們是沒有打算改變這個身份，想維持這個模式經營和賺錢。當然兩種模式只是不同的選擇，當中沒有任何高低優劣之分。

我接下來的分享，會集中在一人創業的經營模式上，任何大中小企業，要在市場上生存，最關鍵的因素，當然是賺錢。一人創業更加不會例外，而要賺錢就必須具備銷售能力，這個是你不能逃避、不能不學習、不能忽略的能力。

但很多一人創業者，舉例攝影師，他可能因為很熱愛攝影，熱愛到要創業做攝影師，但是創業後依然將大部分的精力，投放在鑽研攝影技巧上，將興趣變事業沒有問題，但不要反過來將事業當興趣經營。創業必須解決賺錢問題，所以一定要學習銷售，而這裏所說的銷售，牽涉很多範疇，例如市場定位、廣告投放、個人品牌、報價技巧、成交技巧等等。

另外既然稱得上一人創業，公司所有事務都是由你負責，尤其很多在營運上的瑣碎事，很多都是重複性，會消耗你大量時間，令你無法專注在重要事務上。例如你開一家修甲店，一位客戶網上查詢服務，她問你關於收費、地址、營業時間等等。然後她預約三日後，到你店裏修甲，預約是要自己記下日期，

然後要收款或收訂，預約當天要提醒她，如果她忘記了，或有事要改期，你就白等一場。剛才提及的工作很繁複，很瑣碎。你有十個客戶要做十次；你有一百個客戶就要做一百次，而且很容易做錯做漏，聘請員工去做，人工成本又會蠶蝕你的利潤。所以一人創業者，一定要學會利用自動化工具，去幫助你減輕營運壓力。例如用聊天機械人做客服，幫助你解答一些常見問題；自動化預約和提示，令你和客戶都不會忘記或遺漏預約。自動化收款節省你大量的行政資源和時間。

曾幾何時我也享受一人決策，想做就做的狀態，我創業的頭一年，都是以一人創業的模式去經營，所以我會積極學習和大量使用自動化工具。雖然如此，但個人力量始終有限，成長的空間很快見頂。最主要的原因，是由於我是公司唯一的人力資源，公司營運的各個環節都需要由我來執行，然而每個環節都有它的技術和細節，我不可能事事精通，因此便陷入了一個兩難局面，我要麼花時間學習相關的技術，要麼就用我非常有限的技術水平，勉強去執行這項工作。例如影片後製，我要麼花時間學習後製技術，要麼用我非常有限的後製技術，製作水平非常一般的影片，然而兩者都不是我想要的結果，所以我聘用了剪片師執行這方面的工作，成本雖然有所增加，但節省了的時間和提升了的工作水平，卻是物有所值的投資。

　　所以一人創業只是一個階段性的狀態。有句說話叫：一個人走得快，一隊人走得遠，要走得遠就要有一群好夥伴，要學會信任、放權，一同在事業上打拼。

# 毀滅創業者的糖衣毒藥式讚美

大家喜歡聽到別人的讚美嗎？我相信大部分人會喜歡，不過有些讚美雖然是真心，而且出於善意，但如果你聽得太多，甚至過度沉浸於這些讚美當中，對你來說會產生嚴重後果。我作為一個創業者，本篇章想分享三個對創業者等同糖衣毒藥的讚美，你很大機會經常聽到，甚至非常享受，但亦有可能在不知不覺間，被這些讚美毀滅。

## 全能

對創業者來說，第一個糖衣讚美便是全能。即是你在生意當中樣樣皆精，即使沒有人稱讚你全能，你也會自我感良好，為自己全能而自豪。例如你是一位美容院老闆，公司由採購儀器到與供應商談判，再到銷售美容療程，為客戶做美容、減肥、維繫客戶關係，每一項你都做得很好，所以你是全能。而事實上全能的創業者並不罕見，很多時創業初期，公司的主要人力資源，便是創業者本身，你要負責公司的大小事務，而且因為你是老闆，無論大小事你都想盡力做到完美，久而久之你便變成全能的人。

為何全能是糖衣毒藥的讚美？因為當創業者以全能自居，你會很容易把精力及時間過度投放在公司的日常運作上。因為你的工作成果最好，其他人難以比得上，你看不過眼便會自己做，結果你不能下放權力，建立不了第二梯隊，每日疲於奔命地工作，而員工亦慣性依賴你，以致無法成長，亦無可能發展。

任你一個人如何出色，你的時間始終有限。一個創業者具備全方位的能力並不罕見，但不要過分自我感覺良好，應該思考如何賦能員工，槓桿員工的時間和精力，令公司有條件進一步發展。

## 勤力

第二個糖衣毒藥讚美與第一個息息相關，那就是勤力。大家應該都同意，勤力是成功的一個重要因素，所以當有人讚美你勤力，感覺一定非常良好。但我的看法是，一個創業者勤力的方向比勤力的程度重要得多。很多創業者會被親力親為打動，每日都勤力參與日常營運，但同樣亦會泥足深陷於日常營運，以致無法抽身於企業發展的方向上。

因此創業者本身勤力是對的，但勤力的方向是什麼？我認為創業者應為公司建立系統、流程、SOP，即建立一套工作標準，並定時進行檢討，其他人只需根據這個標準執行就可以營運。而建立標準就可解決剛才提及的權力下放問題。

為何麥當勞擴張迅速？因為它將食物流程標準化。一個人經過簡單培訓，就可投入工作，當初建立這套流程的人，可能花費不少精力和時間，但只要流程建立完成，並且成功運作，創業者便可抽身。創業者勤力是好事，但注意你的勤力方向是什麼。

## 多門路

第三個糖衣讚美是多門路，廣東話口語便是很多「瓣數」，不少創業者經營多樣生意，如同時經營保險、網店、美容院。其他人便覺得你很多門路，八方來財，你可能會認為自己多才多藝，自我感覺良好。但創業初期，我建議大家只集中在一門事業上，原因不外乎時間有限，精力有限。同時經營多項業務，結果每樣都是蜻蜓點水，錢未必賺很多，心力消耗卻不少。

另一角度來看，分散投資也很重要，但應該在你第一個事業，建立了流程，經營上了軌道，可以抽時間了解其他業務，或者尋找合適的合作伙伴，開展其他業務的時候，而不是在你第一門生意還在建立時。

大家不難發現，這些讚美詞本身的確有鼓勵性，分別只是創業者在不同階段，對這些讚美應該有不同理解。面對這些讚美，禮貌上你可以欣然接受，但內心要時刻警惕，自己在不同

的創業階段，你值得被欣賞的事物該有不同。好比一個人在孩
童時代，聽話是一種讚美，但成年後，聽話可能變成了貶義，
那是如出一轍的道理。

# 倪匡教曉我的
# 個人品牌策略

早在 1999 年由美國管理大師 Tom Peters，已經提出「個人品牌（Personal Branding）」這個概念，他甚至認為，建立個人品牌已成為「21 世紀工作的生存法則」。

事實證明 Tom Peters 是甚有前瞻性的。隨著網路與社交媒體的發展，個人品牌這個概念被廣泛認知和討論。今時今日不論你是打工仔、專業人士、創業者或是高級管理人員，都認識到個人品牌在事業發展上的重要性。

那麼下一個問題是，怎樣建立個人品牌？尤其應該怎樣善用社交媒體建立個人品牌呢？如果要將建立個人品牌的方法，簡化成一個公式去表達，就是：

（個人＋身份）× 內容

個人即是你，這個元素是你與生俱來已經擁有，所以應該沒有什麼難度。

接下來要為自己加上一個身份，而這個身份要和你的專業有關。例如李根興的身份是商舖投資專家，Coffee 林芊妤的身份是瑜伽教練。放在你身上都一樣，你要為自己設定一個身份。那如何正確地做身份設定？方法便是避開市場上的紅海，發掘藍海。找到市場上一個，未被滿足的需求缺口，然後將自己定位成這個領域上的專家。

當你設定完身份後，這個身份其實只有你一人知道，你要令到更加多人認識，甚至認可你這個身份，方法便是要大量製作內容。透過內容，擴大你這個身份的知名度和認受性，所以在公式上會以乘號作代表。無論是李根興還是 Coffee，他們都會大量製作內容，去宣傳自己的身份，例如李根興會拍影片講解商舖成交，這個系列的影片他已經拍了超過一千條。同樣地 Coffee 亦都會持續發佈做瑜伽和運動的影片。

雖然我引用的這兩個例子，都是拍片做 YouTube，但不要誤會製作內容就等於製作影片，寫文章都是內容，但今時今日影片內容的吸引力，的確比文字內容高。只要內容的數量足夠多，多到可以佔據受眾心靈，你的個人品牌就正式建立。大家只要提及你所代表的事物，第一時間能想到的就是你。

## 倪匡的個人品牌

已故的香港著名小說作家——倪匡先生，他的小說家之路，和我剛才提及的個人品牌策略，是不謀而合的。大家都知道倪匡原本是寫武俠小說的，但除了他，同時期還有金庸、古龍都是寫武俠小說，競爭非常之大。所以即使倪匡多努力寫，他的武俠小說作品都很難突圍，在武俠小說作家這個身份下，即使倪匡有這麼強的內容製作能力和效率，他都只在紅海上廝殺。

所以當你身份設定錯誤，你就算再努力都沒用。而在市場上當你不能做第一，將要思考如何做唯一。倪匡開始改變自己的身份，由武俠小說作家，轉變為科幻小說作家，他就發現了市場上的藍海，因為在那個時代，香港以至中文世界，都沒有科幻小說作家。當他找對身份後，再大量製作內容，這些內容才能真正為他建立個人品牌，搶佔市場以及讀者心中的佔有率。

回到你身上，當你要以一個身份去建立個人品牌時，先了解這個身份會否已經有非常有名氣的人存在；如果有，代表你很難做第一，所以就要考慮一下如何做唯一，開闢一個新市場，建立一條新賽道，到時候你便會成為這個新市場的第一。

## 建立個人品牌，任重道遠

建立個人品牌是一條漫長的路，沒有一段長時間的深耕細作是不可能成功的，如果大家由零開始起步，大家要有心理準備至少經歷數月至半年的耕耘期，在這段時間內，你發佈的內容可能不會有太多觀看和反應，而你在這種情況下，還要堅持不懈地構思、發佈、製作內容，這實在難倒了很多很多人。

但我以過來人身份，可以向讀者們保證一件事，如果你能夠在耕耘期堅持下來，你會開始發現，有一些陌生人主動來接觸你，他們會尋求你的幫助、聽從你的意見，你的聲音、你的身份，變得有代表性，變得有影響力，在這一刻，你會感受到個人品牌的威力，同時亦會感謝那個在耕耘期堅持不懈的自己。

# 睇喜劇之王
# 做賺錢導師！

　　我認識一位 NLP[1] 導師，他醉心研究 NLP 這門學問多年。他有自己辦課程，亦有到不同機構辦講座，分享一些 NLP 的知識和心得。曾有一次，我與他深度交談時，他向我透露，自己其實有不少煩惱。他說作為一位 NLP 導師，多年來獲取了很高滿足感，但有時有苦自己知。他的確是一位有學問的人，因此受不少人尊重。在他的角度，NLP 是很有價值的知識，學懂 NLP，對人生、財富、關係有莫大幫助。在他眼中一樣如此有價值的知識，似乎在他人眼中卻不怎麼樣，因此他的課程定價一直偏低；但即使他的定價低，收生情況亦不理想。

　　他希望了解原因，想知道作為一個導師該怎樣為自己的知識賺取合理的回報。面對這個問題，我跟他分享了一個故事。聽完後他豁然開朗，擊破了許多他一直存在的盲點。

---

1 NLP（Neuro Linguistic Programming）身心語言程式學，是一門研究人類行為和溝通的科學，它探討了語言、思維和身體動作之間的關係，以及這些元素如何影響個人的心理和行為。

## 賣知識及賣解決方案的分別

1999 年由周星馳主演的喜劇之王，相信大家耳熟能詳，亦觀看過不止一次。劇中周星馳飾演的尹天仇，是一位醉心演戲的演員，演技造詣很高。但他在長洲開班教演技時，無人對他的課程有興趣。我稱這種現象為「賣知識的陷阱」。後來劇情發展至張柏芝飾演的夜總會小姐柳飄飄，聽過尹天仇教她做戲之後，成功在夜總會以演技，令客戶獲得初戀的感覺，賺了很多錢。因此她發現原來演技很有用，可以幫她賺錢，結果她願意付錢給尹天仇學演戲。

以上雖然只是電影橋段，但它解釋了賣知識及賣解決方案的分別。

作為一個演戲導師，純粹教演技便是賣知識，價值是很低；但如果將演技變成解決方案，幫助他人解決工作上的問題，賺多一些錢，這些知識便會變得很值錢！

## 賣知識的陷阱

知識無疑是價值不菲的事物，但有價值並不等於有人願意購買。可能你會感到奇怪，既然有價值，為何沒有人願意付錢？這個亦是很多導師會跌入的陷阱，所謂「賣知識的陷阱」。因為導師對知識的熱愛，令他想感染其他人學習他的知識。但現

實殘酷地告訴我們，人雖然願意為知識付出，但付出的金額不高。

人真正願意付出的，是知識為他帶來的「解決方案」。知識真正的價值，在於我們獲得知識後，令我們有解決日常生活問題的能力。如果只是純粹獲得知識，而無提升解決問題能力，這就是高分低能。因此導師應該由賣知識，改變為賣解決方案，你才能令你寶貴的知識變得更有價值。

其實「賣知識」和「賣方案」，只是觀點上的分別。當你站在自己觀點上，便是賣知識；當你站在學員觀點，便是賣解決方案。

# 賺錢思維
# 山窮水盡變盤滿缽滿

如果大家去旅行時，在機場發現自己花光旅費，不夠旅費繼續旅程。你會如何解決呢？問朋友、家人借錢？在當地做非法勞工？街頭行乞？還是立即構思一門生意呢？這幾個選項當中，做生意看似天馬行空，但事實上真人真事發生過。

有一位日本年輕人窮遊歐洲，到荷蘭機場時，發現自己身上只剩 39 歐元，大約 300 元港幣。當然不足夠他繼續旅程，為了賺取旅費，他忽發奇想在荷蘭機場做生意。生意更大受歡迎，令他賺取了十日旅費。這個故事非常有趣，對做生意及銷售會有很大啟發。

故事主角名為藤村，他是一位日本人。早前他在社交平台 X（前身名為 Twitter）上分享他在 2018 年時窮遊歐洲的經歷。話說藤村去到荷蘭時，發現自己身上只有 39 歐元，為了節省開支，他打算在機場留宿，想不到因此埋下在機場做生意的伏線。

他發現荷蘭機場候機室座位，多數只有兩個插座，但每人身上都有多部電子產品需要充電，充電需求很大，因此出現供

不應求的現象。而藤村身上剛好有拖板，一個插座可以變成幾個，從而滿足旅客充電的需求。藤村成為荷蘭機場的一個臨時充電站，旅客使用藤村服務後給予小費，藤村以這種方法賺了十日旅費，繼續他的歐洲之旅。雖然這是一門小生意，但正正因為小，所以是一個好案例去講解，其實做生意不是一件複雜事情，只要你明白幾個關鍵原理，做生意賺錢並非想像中困難。

首先，做生意的第一個關鍵，是明白客戶需求。我想這個觀念沒有人會反對，問題是如何了解客人需求才是重點。以最簡單方式去理解什麼是客戶需求，便是他們正在面對什麼困難、問題、痛苦。謹記這個世界只要有問題出現，就會有銷售、有成交、有生意。

候機室插座不足，令旅客不能為自己的產品充電，甚至令他們無法使用電子產品，這就是問題，所以出現需求。我上課時經常和學生分享，你想銷售做得多、做得快、做得容易，請你認真了解你的客戶面對什麼問題，他們需要什麼，而不是單向地推銷你的產品有多厲害。

當確定了問題及需求後，下一步便是提供解決方案，去解決客戶問題、滿足需求，這方面視乎你自身擁有什麼資源。以藤村為例，拖板是他的資源，所以他能立即為客戶提供解決方案。試想像如果藤村發現了客戶需求，不過他沒有拖板，下一

步該怎麼辦呢？最直接便是以剩餘的旅費，在機場商店購買一塊拖板，一樣可以開始做生意。

我們每人都有自身局限及限制，當你沒有解決客戶問題的資源時，我們要懂得借力及槓桿，為自己創造資源。在這裏我再分享一個故事，故事的主人翁在借力及槓桿上發揮得淋漓盡致。

名畫家畢加索是西班牙人，他隻身去到法國發展他的藝術事業，為了迅速建立知名度，他必須借力槓桿其他人的資源。法國最有名的是什麼？紅酒必定是其中之一。每瓶紅酒都有一張標籤，標籤上都會有出品這瓶紅酒的酒莊畫像，畢加索便向酒莊自薦，免費為酒莊繪畫畫像，酒莊老闆當然答應。自此畢加索的名字，以及他的畫作，便隨著法國紅酒行銷世界各地。

這個故事說明了，畢加索除了是名畫家，也具備頂級商業頭腦，他的厲害之處在於他能利用自己僅有的資源，找到最適合的夥伴，互相借力槓桿資源，最終實現雙贏。雖然藤村的成就不能與畢加索相提並論，但他們都有一個共通點，就是具備做生意的格局觀，能夠審時度勢，盤點自己的資源，思考別人的需要，在索取的同時亦要給予，具備這種格局觀的人，無論放在何時何地，都能把握賺錢的機會。

# 錯覺式銷售
# 玻璃可以變鑽石

本篇講解之前先跟大家玩一個遊戲，大家看看以下圖片。

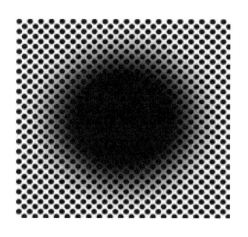

你是否看到圖片動起來了？中央黑色的部份正在擴張？這只是錯覺。

我們的大腦經常出現錯覺，這些製造錯覺的方法同樣可以應用在銷售手法上。運用得好，你更可以將玻璃變成鑽石，點石成金。由於這些方法的威力過於強大，如果你是一個心術不

正的人，我建議你現在離開，但如果你是一個正直的人，請你完整觀看本篇。

## 權威效應

第一種運用錯覺做銷售的方法，就是利用權威效應，人大多數有順從權威的心理，因為可以節省我們思考及判斷的時間，感覺上順從權威的風險比較低。借助人們順從權威的心理，便可以用錯覺來銷售，例如有一些餐廳會貼出很多明星來光顧的相片，如果我不認識這家餐廳，我也會覺得這間餐廳很好，很多明星光顧，而事實上你想清楚，明星光顧餐廳，和它的食物水平沒有必然關係，可能餐廳附近經常有人拍戲，明星們因為近，所以常常去吃飯也有可能，不過人往往只看到表面，自己腦補了空白的部分。

商業社會經常利用權威效應，有時甚至去到狐假虎威的程度。大家都知道黎智英，他未辦報之前是做製衣廠生意。有一次他的製衣廠陷入危機，因為他沒有原料做生產，供應商又不肯賒帳，一定要現金交易。這時黎智英就去找他的好友張鑑泉幫忙，張鑑泉的父親是當時香港一位製衣業很有名的企業家，黎智英叫張鑑泉幫忙，請他父親開一張 200 萬的支票，他承諾一定不會兌現這張支票，結果張鑑泉說服了父親幫忙，把支票交給黎智英。

後來黎智英拿著支票去到供應商面前，供應商看見他與有實力的商人有生意往來，對他信心大增，也很願意賒貨給黎智英，他亦化解了公司很大的危機。黎智英正正是利用了權威效應製造錯覺，因為他當時信譽度不足，所以要靠另一個人幫他背書，做到玻璃變鑽石。

## 運用比喻

當然剛剛提及的方法，大家應用到的機會比較少，因為要視乎很多的因素去配合，即將介紹的第二種做法比較容易執行，就是運用比喻。做銷售通常也要講解產品的概念，尤其當我們要銷售一些複雜的產品時，客戶要理解產品的好處並不是那麼容易，這時我們要用比喻，運用客人熟悉的事物，來理解一個不熟悉的概念，你就節省了很多解釋的功夫。

例如多年前的 SK-II 神仙水廣告，還記得當年他們的廣告口號嗎？他們形容使用了神仙水後的皮膚是怎樣的？像剝殼雞蛋一樣，對嗎？當年因為這個廣告，令不少女士瘋狂愛上神仙水，關鍵是他用對了比喻。

如果形容使用神仙水後，皮膚會變得很光滑、白皙，字面上大家都理解，但是你腦海中無法出現一個具體的畫面，原因是光滑、白皙這些形容詞，每個人的理解都不一樣，而廣告把

皮膚比喻為剝殼雞蛋，用一個大家都熟悉的概念作比喻，消費者秒懂產品為他們帶來的好處，下一步自然是購買。

## 數字錯覺

再多教大家一招，當大家做銷售要演繹一些數字時，而你想對方看到數字時感到強烈一點，你便要以數值大的方法寫，例如當我寫提升 1 倍及提升 100%，事實上是一樣的，但哪一種令你的感覺強烈些？我相信是 100%，因為 100 比 1 大，數值的大小為我們製造了錯覺，當然相反地如果你要演繹一些不好的數據時，亦都可以用數值小的方法表達，從而減輕壞消息的感覺。

如篇首所說，這些錯覺營造技巧本身並無好壞，只視乎使用者的用心，好比金錢，落在善良的人手上可以造福社會，落在邪惡的人手上會帶來災難，手段無好壞，人心有善惡，由起心動念開始，就已經決定了你的手段是幫人還是害人。

# 透過網絡世界，
# 大規模地開發潛在客戶

　　這幾年透過社交平台，我結識了不同的人。有些人成為了我的學生，有些人成為了我的客戶，亦有一些成為了我的合作夥伴，從銷售的角度來看，我認為網絡世界的力量，相比實體世界威力強大很多，但是我發現有很多人，暫時未看透這股力量為什麼這樣強大，因而浪費了這個很好的工具，本篇我想分享如何透過網絡世界、社交平台，大規模地開發潛在客戶，看看這個方法是否你的新方向。

　　首先大家不要誤會，我並沒有否定大家使用實體的方式去銷售，例如派傳單、展覽會、洗樓等等，這些方式依然有效，而且如果你用這些方法成功接觸一位潛在客戶，而他願意花時間去聽你說話，短則十多分鐘，長則一小時，你們的關係溫度會提升很快，可能一小時之前你們還是陌生人，但一小時之後他已經對你言聽計從。

　　很多銷售員曾經告訴我，只要客戶肯給予足夠的時間聽你說話，他成交客戶的比率是可以超過 80%，實體接觸無疑可以令你和潛在客戶的關係，在很短時間內升溫，但缺點是時間

運用的效率很低，因為你一次只是和一位客戶升溫，即使一個銷售員多麼勤力，一天接觸三位客戶，最多四位客戶已經筋疲力盡，所以我會形容實體銷售是一種窄而深的方法，相對於實體銷售，社交平台是一種廣而深的銷售方法，無論你是用Facebook、Instagram、YouTube，發佈的無論是文章圖片還是影片，看到的人少則一千幾百，多則幾萬、十幾萬、幾十萬，所以這種銷售方式的接觸面是很廣闊的。這一點我相信即使我不說大家都應該知道，問題是很多人雖然知道社交平台可以大規模接觸客戶，但是他們的接觸是很淺的，即是說雖然你接觸很多客戶，但是你們的客戶並沒有因為這樣而和你提升溫度，所以大部分人用社交平台做銷售，都是停留在廣而淺的程度。

為什麼會有廣而淺這個現象呢？原因普遍有兩個，第一就是發佈的內容欠缺價值、欠缺養分，如果你的社交平台發佈的內容，都只是圍繞在吃喝玩樂、娛樂八卦，或者炫耀你自己的生活，我都會歸納這些為沒有價值、沒有養分的內容，當然如果你只是將社交平台作為消閒的用途，你發佈這些內容是無可厚非的，但如果你想運用社交平台作銷售，你發佈的內容就需要有價值有養分，價值和養分不一定是一些很高深的東西，可以是你的個人見解個人觀點，你回想以實體方式接觸，你和另一個人的關係，都是受你們之間對事物的見解和觀點所影響的。一個新相識的朋友，你們發現你們之間很多見解和觀點都很相

似，大家好像認識很久一樣，這些就叫一見如故，你和這個人的關係就會升溫得很快。

第二個原因是欠缺持續性，建立關係不是一時三刻，而是要持之以恆深耕細作，即使你在社交平台發佈一些有價值有養分的內容，如果只是短暫性，效果也是非常有限的，相反地即使價值和養分含量不算很高，但因為持續的時間足夠長，量變帶動質變，多就變成等於好，例如我的 YouTube 頻道，假設你是第一次認識我，你看到我拍了過百條關於銷售的影片，你不需要全部觀看，可能你也會認同我是銷售的專家，這個就是量變帶動質變，所以在社交平台作銷售，如果你想和你的目標客戶有深度的關係，你發佈的內容一定要有持續性。

如果你能夠持續性地提高價值，你就可以在社交平台做到廣而深的銷售，和大量的潛在客戶建立深厚的關係，我可以在這裏做保證，如果你願意走出第一步，你絕對不會後悔，你唯一會後悔的，只是太遲走出這一步。

# 什麼是
# 網上自動化吸客系統？

　　網上自動化吸客系統，這裏一共有九個字，近年大家都會在網上看見很多人、很多公司，在推廣這九個字，甚至連我本人都在做這個。大家對這九個字，都是抱著半信半疑的態度，究竟這套系統是否那麼神奇，會令客戶自動送上門？

　　網上自動吸客系統，看似很不可思議，甚至有騙局的感覺，但很多時誤會是源於不了解，或是不去了解，所以接下來我會將這九個字，逐一跟大家拆解。

## 首先第一組字「網上」

　　網上世界跟現實世界其中一個最大的分別，是無論你在網上做什麼，你的行為都會被記錄，例如你瀏覽過什麼網頁，瀏覽過什麼產品，你觀看我的影片花了多少時間，這些行為都被記錄，而這些數據會變成分析工具，對銷售會有很大的幫助，在實體世界，如果你是一個店舖推銷員，請問你知道一天有多少人經過你的店舖？有多少人走進店裏？最後有多少人購買？

　　通常都是不知道的，因為在實體世界，很多時我們都是用

主觀的感覺去評估，感覺街上多了人，感覺客戶不願意花錢等等，但是在網上，這些不再是主觀的感受，而是客觀的數據，有數據才可以優化我們的銷售策略。而且不少網絡工具為了方便使用，都會盡量將使用流程簡化，簡化至一個程度，是要令完全沒有任何電腦技術背景的人，都可以學會如何運用，例如Facebook 廣告，最簡單可以在五分鐘內，就完成設定刊登廣告，當使用的門檻降低，越來越多人懂得使用，能做到的事便越來越多。

## 第二組字「自動化」

這可能是最引人入勝的部分，因為聽到自動化三個字，立即會聯想到的就是翹起雙手什麼都不用做，亦可能因為這樣，才令人覺得可疑，自動化？不可能的吧，力不到不為財，其實自動化並非什麼不可思議的事，在我們的生活中是經常遇到的，例如當你打電話去銀行熱線，錄音系統會將你分流，你要聽廣東話還是英文？你要查詢信用卡還是貸款服務？這個都是自動化系統，二十多年前已經出現。那到底為什麼要自動化？目的是要將重複性的工作，交給機器去辦，人是不應該將自己的時間，花在重複性的工作上，而是放在創造性的工作上。中國的四大發明是什麼？粥粉麵飯，對嗎？是火藥、指南針、造紙和印刷，印刷術為什麼是這麼重要的發明？因為它節省了很多人做重複性工作的時間。

銷售時有些工作都是重複性，例如一些基本概念的講解，如果你想講解保險概念，你有兩個選擇，一是每當你認識一個新朋友，就用十分鐘的時間，親自向他講解一次，如果你認識一百個新朋友，你就用了一千分鐘，重複講解了一百次。第二個選擇，將這十分鐘拍成影片，然後播放給別人觀看，你只需要付出一次的時間，而且當拍成影片後，你不需要親身出現去講解，你能接觸的人就會更多，這些其實就是自動化，沒有什麼不可思議。這兩個選擇，你會選那一個？

## 第三組字「吸客」

「吸客」這兩個字很引人入勝。傳統的觀念做銷售，是要自己去尋找客人，吸客聽上去恍如是相反意思，讓客人自己來找你。做到當然好，但有這麼神奇嗎？吸客正式的學名是 Inbound Marketing，台灣叫集客式行銷，是透過持續分享知識，或有價值的內容，吸引潛在客戶去認識你、注意你，最終達成交易，有點近似餐廳的免費試食，或美容產品派發試用裝的原理，吸客最重要的一點，是要持續分享知識和有價值的內容，以前可能你要是一位專欄作家，電台或是電視台節目的嘉賓主持才能做到，但現在只要你在 Facebook、Instagram、YouTube 分享內容便能做到，所以現在就算一個再普通的人，都可以做到集客式行銷，所以吸客已經不是什麼不可思議的事。

## 第四組字「系統」

最後兩個字「系統」。當一件事可稱為系統，一定因為它具備複製性，相反的便是客製化、量身訂造，先前所提及的網上自動化吸客方式，雖然不是所有行業都適合，但都可以廣泛地應用在保險、教練、顧問、專業人士身上，這些人都適合使用這套系統，去網上自動化吸客，系統的結構是一樣的，只是會因應不同的專業，創造不同的內容。打個比喻，就像兩個圖則一樣的住宅單位，用了不同的裝修。

當事情被系統化、流程化，代表你只要按著步驟去做，你便可以取得成果，好比任何人學會加減乘除，他就可以完成日常生活大多數計算，加減乘除就是數學的系統。同樣地，只要按步驟建立吸客系統，成果也是指日可待的。因此你不難發現，越來越多一人創業、微創業湧現，原因是獲客比往更容易和有效率。

在此可以總結一下，網上自動化吸客系統，是把在網上發佈有價值內容的工作流程化，目的是展示產品和服務的價值，從而吸引客戶主動查詢甚至購買，看上去好像很玄，但其實非常顯淺易懂。以課程推廣為例，傳統做法是導師在報章雜誌刊登廣告，吸引潛在學員參加課程簡介會或講座。在講座中，導師會展示他的專業性，以及課程的價值，參加者認為適合便會報讀課程。

　　網上自動化吸客系統，只是把以上工作由實體轉移至網上，由報章雜誌廣告變成網上廣告；由課程簡介會變成課程介紹影片；由不斷重複舉辦，變成錄製一次便可無限次播放。甚至在某些情況下，連報名都可以自動化完成。

　　然而大家必須注意一點，市面上有不少誤導性資訊，令人誤解一旦建立了自動化吸客系統，即使躺平都有源源不絕的客源，天底下並沒有如此便宜的事，網上自動化吸客系統雖然強大，它能提升工作效率，但並非一勞永逸，維持系統運作本身就是一項持續性的工作，例如投放廣告、創造內容等等，這些都是恆常工作，相關技巧會在其他篇章內探討。

# 社交平台：
# 你必須知道的遊戲規則

上星期我收到一個查詢，關於影片剪接及後期製作服務，希望我報價給他。首先我感到有點莫名其妙，因為我不是製作公司，沒有這些服務。可能因為客戶經常在網上看到我的影片，誤解了我是製作公司。首先我向他澄清了我不是製作公司，另外我再了解一下他為何需要影片製作，原來是他公司未來會設立一條 YouTube 頻道。我再問他，除了影片製作之外，你了解社交平台的遊戲規則嗎？他並沒有正面回應我，可能他一心只需要影片製作的服務，所以當我表示我不是製作公司後，他並沒有太大意欲跟我聊下去，我們很快就結束對話。當然我不清楚這位客戶的實際情況，但是大多數人做網上宣傳失敗的原因，是因為他們沒有在拍片、製圖、發帖之前，弄清楚現時網路平台的生態。而無論你是使用免費或付費的宣傳方式，如果你不明白平台生態，任何事情都是浪費金錢、浪費氣力。

十多年前回內地，不時會收到偽鈔。我記得有一次在深圳坐的士，司機可能知道我不是本地人，他給了我一張偽鈔。我用它去購物時，對方告知我這是偽鈔，而且是非常劣質的偽鈔，

摸一下就能分別出來。曾幾何時內地的偽鈔是非常猖獗，時至今日內地偽鈔已經絕跡，甚至連鈔票也不見了。有人說真正成功瓦解偽鈔集團的不是執法部門，是阿里巴巴和騰訊。因為他們發明了無現金的支付方式，原意是方便交易，但順道滅亡了整個偽鈔行業。

我引用這個例子，是想帶出現在的網路生態和這個例子很相似。你的競爭來自四方八面，所有的廣告商、YouTuber、Blogger，不論你來自什麼行業，有沒有涉及商業元素也好，都在一個大混戰之中競爭。因為我們真正的戰場不是產品，而是受眾的注意力。所有在網上發佈的人，都是在做同一件事，就是希望爭取其他人的注意力。因為資訊太多，接近無限多，但人一日最多只有二十四小時，注意力便變成很稀缺的資源。

當你明白現在的宣傳是注意力的競爭，你就要接受，假如今天的你是賣鬍刨，你網上的宣傳對手不只是其他鬍刨品牌，而是所有會吸引男士注意力的內容，包括黑絲、Deep V、美女、NBA、英超、手錶、房車等等，全都是你的競爭對手。

未有社交平台之前，競爭模式不是這樣的，所以不要帶著舊思維面對新事物。而如何在注意力競爭之中勝出？回歸基本步，選擇一個細分市場，深度研究這個市場的人面對什麼問題，你的產品和服務又可以如何解決他們的問題。當你研究得越深入、痛點打得越準，市場便越有機會分配注意給你。

舉一個簡單例子，有天我瀏覽淘寶時，我看見一個產品廣告圖製作得不錯，它是賣口罩的。標題寫著「不沾口紅，不花妝」，意思即是不會弄花你的妝容。其實一個如此簡單的口罩廣告，已經做到我剛剛提及的東西。首先口罩很多人會用，然後他選擇了女性，而且是一個會化妝的女性做市場。她們的問題是戴口罩會弄花妝容，影響儀容，而他們的產品便可以解決這個問題。

只有如此包裝及宣傳這個產品，才能在眾多注意力競爭者之中，爭取到受眾一時三刻的注意力。謹記社交平台是注意力的戰場，這種生態是對平台的基本認知，發展下去還有很多學問。

# 網上課程賺唔賺錢？

很多人問我網上課程是否很難經營，我的答案是肯定的。但不要誤會，我的意思不是製作網上課程很困難，真正困難在於，多數人不知道擁有的知識很有價值。要令自己相信知識很有價值，很多人願意付費向你學習，在思維及認知作出改變，才是最困難。其實每個人都擁有一定的知識，才能生存至今，而每一位讀者們都要相信你們每位擁有的知識都很值錢，而且你們的知識都可變成網上課程，賺錢之餘也可幫助他人。

如果你不相信，我先問大家一個問題。大家有沒有遇過一種情況，有人向你請教一件事，事情對於對方很困擾、很煩惱，但對於你來說卻非常簡單，輕而易舉？例如教人操作手機，教人寫一封英文的電郵，教人如何選擇護膚品、化妝品，甚至簡單如有朋友有感情煩惱，向你傾訴，當你分享完想法後，朋友茅塞頓開、豁然開朗。你的人生一定有經歷過以上的事。知道原因嗎？原因是你擁有某些別人沒有的知識，你分享了你的知識後，他有能力解決自己的問題。

我們的人生經歷當中，我們學習到的知識、認知的事物必定有限。因為時間有限、專注力有限，我只需要用有限的時間

和專注力，磨利一把刀便足夠。另一角度看，除了我們專注的事物外，其他事物我們都不擅長。例如我專注鑽研銷售技巧，銷售是我最擅長的事物，除此之外其他東西我都不在行。雖然今天你看我的書學習銷售，但也有很多東西我要向你們學習。

可能現在仍有不少人會認為，自己沒有專長、興趣、知識。不要緊，你總有一份工作吧？由你的工作開始，你在工作上必然會累積知識，這些知識對於不是從事該工作的人，是很難接觸的。因此即使今天你在做一份平凡的工作，也千萬不要小看自己，你的知識也很有價值。

例如你是公司的人力資源管理，每日負責收履歷表、見求職者、出招聘廣告等等，這些均是你日常流水作業式的工作，你未必意識到這些知識很值錢。你的知識可以教人寫履歷、面試技巧、寫理想薪金的技巧、求職者面試時要問什麼問題來評估這份工作是否值得做等等。

跟大家分享一個個人經驗，過去我見工時，我會問對方我應徵的工作是現有或是新增的職位，為何要這樣問？現有職位就是公司一向需要這個人手，我是作為替補，職位會長期存在。但如果是新增職位，原因可能是新公司有新項目發展，若要了解這個職位會否長期存在，需要你多問幾條深入問題。如果你是一位每日面對應徵者的人力資源部員工，你一定有更多技巧及知識，幫助人在求職路上走得更暢順。而如果你的知識可以幫人找到好工作，你覺得對方會否願意付錢學習知識呢？

另一角度，即使不是求職者，對僱主來說你也很重要。中小企沒有正式的人力資源部，老闆便是人力資源部。你可以教老闆有關勞工法例的知識、計算假期、薪金、佣金、什麼時候是招聘的旺季、各種網上平台招聘的成本分別、老闆要如何留人、維持生產力、如何開除員工，好聚好散，每一樣知識對他來說都很重要，可以為他省錢，甚至免於刑責。這些知識，你認為有沒有人願意付錢學習？

剛才是人力資源部的例子，各行各業也一樣，很多事物對於你來說是「常識」，但對於其他人來說是「唔識」。

當我們確定知識有價值後，下一個問題便是如何傳播。傳播方式分線下及線上兩種，線下是租用一個場地，面對面上課，這種模式對於一些以教育作為副業的人，是行不通的。例如你是一個人力資源部主管，每日上班已用了八、九小時，還有空間辦線下課程嗎？即使你是一個全職導師，很多時上課講解一些原理、理論時，內容都是重複性的。例如你是一位理財導師，《富爸爸、窮爸爸》說的財富四象限理論，是最入門的觀念，每次上課也要講解。你亦可以預計未來十年，每次上課都要講解財富四象限理論。你會選擇重複講十年，還是講一次，然後錄影，未來十年不斷播放，把節省到的時間陪伴家人、學習新知識？

當我們肯定了知識的價值，同時出現更有效傳播知識的渠道後，透過知識賺錢只是時間快慢的問題，以及賺錢多少的問題。事實上知識變現已經成為了全球的大趨勢，知識變現成為了不少人以斜槓族或一人創業者的事業。根據調查機構日商環球的數據，全球線上課程市場規模，2022 年是 283 億美元，預計在 2030 年前將達到 3,662 億美元，期間預計年複合增長達 37.7%，是一個快速增長的產業。同時普羅大眾在疫情的驅使下，對線上學習的接受程度越來越高，好比在二十多年前，大家逐漸接受以電郵代替信件、傳真收發訊息一樣，在各種條件的孕育下，線上課程市場相信會百花齊放、商機處處。

來源：https://www.gii.tw/report/go1243875-massive-open-online-courses.html

# 唔出名！怕出名！
# 都可以網上賺錢！

我一直有舉辦一些網上引流及流量變現的課程，我的學員主要來自幾個行業，例如保險、教育、玄學等等，這些行業都屬於個人專業服務，很適合在社交媒體引流及流量變現。但有些人擔心自己不夠知名度、無人認識，當他做網上推廣時，會否沒有效果？亦有一些人擔心，自己會因為做了推廣後而變得出名，影響自己的日常生活。雖然這種想法有些杞人憂天，不過確實有人會這樣想。本篇會為大家講解，不出名或者不想出名，都可以成功流量變現的方法。

你如果擔心自己不出名，市場上的消費者不知道你是誰，所以就沒有信心購買你的產品和服務，那是網絡營銷要處理的問題，正正因為你不出名，所以要網上推廣，而不是不做的理由，這個觀念要搞清楚。

名氣在變現上有什麼作用？是不是名氣越高，越多人認識，變現能力便會越高？我會形容名氣是一個乘數，即是名氣會倍化一個人的變現能力，確實是有幫助的，但前提是你有一樣事

物去倍化，如果沒有這樣的事物，零乘任何結果也是零，而這樣事物便是解難能力。

我們試試用一條數式來表達：解難能力 × 名氣＝變現能力

解難能力和名氣各自由 1 分到 10 分，最理想的情況是兩項都是 10 分。

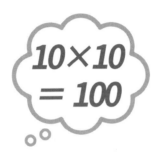

$$10 \times 10 = 100$$

恭喜你！你的變現能力非常強。另一極端，兩項也是 0，結果也是 0。如果你是剛剛起步的人，你的名氣可能是 0，但你可以透過一些網上手法，把你的名氣提升一點，可能到達 2 或者 3，但是短時間內很難再提升。

你真正應該提升的是你的解難能力，因為人購買最基本的原因，就是解決自己的問題。如果你沒有解難能力，就算你有名氣，你的變現能力也會很差。在社交平台時常出現一些高粉低變現帳戶，這些帳戶通常有很多粉絲，但他不是以幫你解決問題的身份出現，所以變現能力很差。但你有具體的問題時，

你未必會很關注該人的名氣，例如你家爆水喉，你需要一個出名的水喉師傅幫你維修嗎？

所以大家應該多加注意自己的解難能力，如果你對自己的解難能力有懷疑，我為大家提供幾條問題，引導你思考，從而令你對自己的解難能力，有更深刻的理解。

現在請你回想一下，一位過去你曾服務過的客戶，然後解答以下幾條問題：

- 他為了解決什麼問題而購買你的產品或服務？
- 他期望你的產品和服務能為他們帶來什麼改變？
- 如果沒有你的產品和服務，問題持續下去會為他帶來什麼後果？
- 他為什麼無法憑自己的力量去解決問題？

不要小看這幾條問題，我遇過不少個案，他們即使在自己的專業領域深耕多年，也不一定能夠提供很具體的答案。我保證如果你能夠解答以上幾條問題，對你實現流量變現有極大幫助。

當然名氣很重要，名氣可幫助你以較少時間獲取信任，而且你的定價可以比沒有名氣的高。不過建立名氣是一個漫長過

程，而且可變因素實在太多，所以未有名氣前，你應該先專注提升自己的解難能力。

另外對一些害怕自己做了網上宣傳後會很出名，而影響日常生活的朋友。我勸你不用太杞人憂天，因為出名到一個程度，多人認識到一個程度，會對你的日常生活造成影響，其實是一件很不容易的事情。我到現在這一刻，也未影響自己的日常生活。

更加重要的，是我們的那種出名，並不是要在全香港出名。我們只要在特定人群出名，例如我的特定人群是保險、美容、導師、玄學等等。尤其大家在起步階段，資源有限的情況下，根本不容許在大範圍下宣傳，所以如果你擔心做完網上宣傳後很出名，這個真的是多慮了。

# 成為一個
# 無可取代的中間人

　　很多銷售工作都是擔任中間人的角色，他們自己以至他們正在服務的公司，本身並不擁有產品，他們把其他人的產品，配對給合適的買家，很多時我們會稱他們為經紀或代理，現今社會很多人都擔任中間人，可能當中包括你，但是亦有很多人為了省錢，想跳過中間人直接交易。你要成為一個無可取代的中間人，令客戶心甘情願的讓你賺錢。

　　廣東話有一句俗語叫「唔做中，唔做保，唔做媒人三代好」。當中的「中」，就是中間人的意思，為什麼做中間人是不好的呢？因為被撮合的雙方，如果有不滿意，往往都會怪罪中間人，例如你有朋友家裏想裝修，你介紹裝修師傅給他，你就是裝修師傅與朋友的中間人，如果工程順利完成，那當然是最好的，但如果工程水平欠佳，甚至爛尾，你朋友可能會埋怨你，或是裝修師傅覺得你朋友要求高出手低，他亦可能會埋怨你，所以傳統智慧認為，中間人是吃力不討好，做得好沒有獎勵，做得差反而有責任。

　　但是時至今日，中間人在經濟活動上，已經是一個不可或

缺的角色，很多中間人亦是推銷員來的，沒有他們，產品會賣不出，但另一方面，亦都有一些人覺得中間人的存在會提高交易成本，所以想千方百計跳過中間人，直接交易。作為中間人的你，一定要知道自己在銷售上發揮什麼功能，怎樣讓客戶覺得你們的付出是物有所值的。以下部分我將會為大家講述，中間人的五大功能。

## 橋樑功能

中間人的橋樑功能，就是縮短雙方在時間地域社會上的距離，將兩個陌生人聯繫在一起，這個可算是中間人最基本和普遍的功能。地產經紀就是最好的例子，業主想賣樓，他不知買家在哪裏；買家想買樓，他亦不知業主在哪裏。地產經紀就將這兩種人聯繫在一起，各取所需，最終達成交易。又例如新創公司與投資者之間，都需要中間人成為他們的橋樑，將兩者撮合。現今世界最大的橋樑，當然就是互聯網，所以如果你是一個只具備橋樑功能的中間人，很容易會被淘汰，因此大家必須要注意中間人的其他功能。

## 認證功能

在一宗交易裏，一般情況下，賣家是會比買家更加了解產品情況，買家雖然有興趣，但是都害怕自己買錯產品。這個時

候，中間人的認證功能就會發揮作用。拍賣行就是擁有高度認證能力的中間人，假設一個人想出售一件藝術品，他自己對這件藝術品的了解，包括價值、來源，甚至真偽，都會比買家高，為了保障買家利益，就需要一個有認證功能的中介存在。其實日常生活中，我們會無意間發揮了認證功能，例如朋友問你某間餐廳好不好吃，某套電影好不好看，某個地方好不好玩等等。如果你的回應是正面的，對方很大機會會去試一下，因為你已經幫他認證了。如果今天的你是中間人，試想一下，自己有沒有幫客戶認證的能力，幫客戶減少購買的風險。

## 執法功能

中間人的執法功能，是要令雙方都履行承諾及責任，並且是要以一個合理水平去履行，此時大家會立即聯想到，律師就是這一種中間人，他們透過法律，令合約雙方履行責任。除了律師，還有其他中間人，都具備執法功能的，例如 Uber，它是以一個平台形式存在的中間人，Uber 聯繫司機與乘客，這方面是他的橋樑功能，另一方面，每一個 Uber 司機與乘客，都可以為對方評分，令雙方都有責任交出合理水平的表現，這方面就是 Uber 展示出的執法功能，當交易風險減少，雙方的交易意願就會提高，這就是執法功能的價值。

## 代勞功能

有些工作例如籌備婚禮、計劃旅行，你是可以自己做的，但一方面你未必可以投放太多時間去處理，另一方面，你亦未必有足夠的專業知識去處理。因此中間人就可以發揮代勞的功能，去為你完成這些工作。例如籌備婚禮，需要處理的事項非常繁瑣，包括酒席、請帖、婚紗禮服、化妝、攝影、蜜月旅行等等，每一項都需要了解，每一項都需要比較，加總的工作量就會很大，而且每個人一生結婚的次數是很有限的，所以他們對行業的了解亦都是非常之少，因此便出現了婚禮策劃，這一種代勞功能的中間人，用他們的時間與知識，減少客戶的負擔，同時提升客戶體驗。

## 隔離功能

一些明星或是職業運動員，他們接受訪問時，當被問到一些較敏感的問題時，很多時候他們會答「這方面我交給經理人處理，我暫時不回應」，經理人就是名人與傳媒或公眾之間的中間人，他們其中一項功能就是產生隔離作用，避免要面對一些尷尬的場面。就好比剛才的例子，記者的問題不能不回答，但又怕答錯會引發公關災難，所以最好的答案就是推給經理人，將自己與公眾隔開。

求職顧問、獵頭公司，其實都是發揮隔離功能的中間人，假設一家企業想挖角另一家企業的員工，在不清楚對方意願之前，如果直接聯繫對方，萬一對方一口拒絕，自己就會很尷尬，甚至有機會影響到企業的聲譽，而就算對方有意願，在談條件的時候，大家經中間人向對方開條件，無論結果成事與否，將來大家再碰面的時候，都不會覺得尷尬，原因就是中間人的隔離功能，令雙方不需要正面交涉。

　　以上就是中間人的五種功能，謹記買賣雙方其實都想跳過中間人，去降低成本，怎樣才可成為一個無可取代的中間人，令客戶甘心情願讓你賺錢？大家就要好好思考，如何發揮這五項功能。

# 如果我做保險？

很多剛剛認識我的人，都會不約而同地認為，我正在做或做過保險，但其實我沒有保險、銀行或金融行業的工作經驗。但如果我有一天入行做保險，我會怎樣走出第一步？我會用什麼策略去找客源？我打算將我的構思和策略，在這裏跟大家分享。

## 普通朋友的處理方法

如果我入行做保險，一開始我會通知身邊的舊同事、舊同學、舊朋友等等，我統稱這些人做普通朋友。我會通知他們，我剛剛入行做保險，現在某某公司任職，但我不會說有需要就找我這些說話，亦都不會向他們銷售，我只需要他們知道我入行了就足夠。

為什麼我會這樣做呢？因為這些普通朋友，當他們知道我剛剛入行，他們普遍都會抱著觀望的態度，看看我會做多久，看看我的成績，即使我成功邀約他們會面，在這種觀望態度下，我能跟他們成交的機會都很微。搞不好還會對你突然向他們銷售保險感到很反感，傷害了大家的感情。所以除非朋友主動向我查詢，否則這一群普通朋友，一定不是我首先開發的對象。

## 主動接觸兩脇插刀朋友

接下來我會主動接觸一些我覺得他會不問理由，去支持我的人，例如親人、一些很熟的朋友、一些我曾經幫助過的人等等，我統稱這些做兩脇插刀朋友。這些人不會很多，可能只得三幾個，但命中率很高。我用我們幾十年的感情，或者各種關係先開幾張單，給公司交代一些業績，賺取第一份的保險收入。

## 開發 Cold Market

當簽完這些兩脇插刀朋友的單後，我就會開始開發 Cold Market。Cold Market 即是陌生市場，因為在 Cold Market 前，沒有人知道我做了多久保險，少了很多熟人之間的顧慮。由於我的背景和經驗，我一定會用網絡力量去開發 Cold Market，但在正式開發之前，我會先選擇一個特定的市場，例如新婚夫婦、新手爸媽等等，研究他們面對什麼問題，我有什麼理財方案可以幫助他們解決這些問題。

然後在 Facebook 和 Instagram 出廣告，但不要誤會，我不是出廣告講計劃、講產品，而是用廣告告訴我的目標市場，我明白你們的處境，而且我是有能力幫助你解決問題的。我時常看見很多保險廣告，都是宣傳保險計劃，這些廣告我估計反應不會好，原因不在於計劃，而是他違反了一些很重要的銷售邏輯，他是賣產品而不是賣問題解決方案，因為客戶不會對買

產品有興趣，他只會對解決自己的問題有興趣，所以如果你做廣告去宣傳產品，失敗率會很高。

## 網上直播銷售

打廣告雖然要成本，但好處是可以一次接觸很多人。當我做廣告宣傳自己可以幫對方解決問題後，我就會將這些潛在客戶，引流到我的網上直播。在直播裏我會講解一些保險理財的觀念。一方面教育這些潛在客戶，另一方面展示我的專業知識，建立自己的專家形象，在這個直播的尾聲，我會再引導這些潛在客戶跟我單對單會面。只要有足夠的人數參加直播，就會有一定數量的人想跟我見面。

當經歷了這麼多重的步驟，這些客戶的需求程度應該很高。到正式單對單會面的時候，就是深入分析客戶需要和講解產品的時候。只要兩者的脗合度夠高，成交是很自然的下一步！

還記得一開始提及過，那些抱著觀望態度的普通朋友嗎？當我開發 Cold Market 成功後，沒有向這群人銷售但依然可以靠保險業生存時，他們便不會害怕我向他們銷售，這時我才開始開發他們，這就是我的策略。

第四章

# 成交關鍵

# 4 種必須放棄的客戶
# 否則後果自負

如果一位客戶多次拒絕你，你認為應否放棄他呢？我認為是不需要的，只要將他放在你跟進的客戶名單內較後的位置便可以。但有幾種客戶，即使有能力成交，可能你都應該要放棄他們，因為他們為你帶來的麻煩和問題，有可能遠遠大於他為你帶來的利益，甚至有機會拖垮你的正常生意。本篇會講解四種必須放棄的客戶，你可能每天都會遇上，不可不察覺。

## 第一種必須放棄的客戶，就是對價格過度敏感的客戶。

這類客戶只問價格，不問價值，而且這類客戶個性是喜歡挑剔和佔便宜，例如他跟你開一口價，你答應後，他反口再議價，因為他會想越便宜越好。

這類客戶有一個口頭禪常掛在口邊，就是「長期合作」，他是用長期合作的想像令你妥協，令你在價格上讓步，但當你答應後，便永遠無法加價。這類客人的忠誠度往往非常低，無論給予他多好的服務，只要有另一間出價比你低，他便會轉投另一方，因為他對價格非常敏感，只問價格，不問價值。這類

客戶就算給你成交了，你也會做得非常辛苦，而且沒什麼回報，所以如果你遇到一個對價格非常敏感，只問價格，不問價值的客戶，請果斷放棄他。

## 第二種必須放棄的客戶，就是不守承諾的客戶。

說了不算數，答應後做不到。輕則浪費你的時間，例如你約他會面，他放你鴿子，重則浪費你大量精力。過去我打工的時候，曾經有一位客戶，他跟我們公司簽了一年的廣告合約。根據合約，他應該在一年內，投放他在合約中採購的廣告。在那一年裏，我不斷提醒他要投放廣告，否則就用不完廣告權益，但他一直沒有用，到合約期即將完結時，依然有大量的廣告權益還未行使。我再次提醒這個客戶，要盡快行使他的權益，接下來這個客戶說了一番說話，令我非常震撼，到今天我依然記得很清楚，他告訴我：「雖然我們簽訂了合約，但我沒打算按照合約條款履行。」結果我花費大量精力和客人商討，以及向公司講解這些未行使的權益應該怎樣處理，無形中壓縮了照顧其他客戶時間，這一個不守承諾的客戶，拖垮了我不少其他正常的客戶。

### 第三種應該放棄的客戶，就是過於強勢的客戶。

有些客戶態度強勢，強勢到瞧不起你，覺得你是求他買東西的一類人。這種客戶就算成交，你接下來的日子也不好過。你每天也是卑躬屈膝地服務他，所賺到的錢也彌補不到精神上所承受的壓力，除非你可以和他平起平坐，否則只能放棄。

例如你致電給客戶，想向他介紹產品，客戶回覆先給他發資料，你可能會回答：「其實資料有很多，恐怕你未必看得明白，亦怕你有誤會，不如我們約一個時間會面，我給你詳細解釋，好嗎？」如果這是一個過於強勢的客戶，他會說：「我沒時間見面，你不發就算了吧。」這時我的做法就是放棄，不發資料給他，因為你就算給他發資料，他都不會看的，就算他會看，你將身段放到這麼低下，而對方又這麼強勢，接下來你的日子也不會好過。而且不發也有一個好處，你會在他心裏留下一個問號，到他將來可能有需要時，如果他主動來找你，就是你們平起平坐的時候，那時才推銷還不算遲。

### 第四種必須放棄的客戶，就是霸權客戶。

這種客戶過度強調客戶權益，動不動就投訴，愛小事化大，非常恐怖。

我有一位在美容院工作的學生，有一次她接到一位新客戶，剛開始時她問這位客戶過去在哪做美容，客人回覆後，學生再問，在那裏做得好好的，為什麼會來她們這邊試做？

客人得意洋洋地回覆，她之前光顧過那家美容院幾次，效果也不錯，但有一次做美容後不知為何臉上出現暗粒，之後她在那家美容院大吵大鬧又投訴，並且發動一些她認識的美容博主、YouTuber 圍攻那家美容院，結果那美容院結業了。

　　我叮囑學生，這個客戶你不要主動找她簽單，就算是她主動找你，你也要非常小心，因為這些客戶一旦有少許不滿意，便會小事化大，到最後不只是你，可能連你公司也會有麻煩。

　　做銷售不應來者不拒，否則只會令你疲於奔命，吃力不討好。若你想吸引高端客戶，你就應該在獲客渠道、品牌定位、產品定位等根本角度出發，吸引你的理想客戶。如你的定位就是大眾化，目標就是對價格敏感的客戶，那麼你的賣點就是平，而不是質量，好比快餐店的食物從不以好吃為賣點，速剪髮型屋也不是以造型設計為賣點。做好自己及客戶的期望管理，是減少遇上問題客戶的根本之法。

# 做熟人生意前必睇
# 否則輸錢！輸感情！

　　無論你是銷售團隊或是創業者，很多時候你會遇到兩類客人。一類是陌生客戶，來源可能來自廣告查詢、展覽會、講座、簡介會等等，另一類客源來自熟人、朋友、舊同事、街坊等等。兩類客戶你偏好哪一種呢？本篇會為大家分享，和熟人做生意時經常遇到的陷阱。如果你不知道這些陷阱，損失生意事少，破壞感情事大。

## 成也熟人，敗也熟人

　　有些人愛做熟人生意，原因是成交率比較高。因為熟人不是因為生意而相識，你跟他是舊同事、朋友等關係，除非你們的交情是一塌糊塗，否則你們之間必定有信任。而銷售最重要的環節就是建立信任，所以你和熟人已經跨越銷售最大的障礙，因此和熟人做銷售比較容易成交。

　　不過請你謹記，成也感情，敗也感情。如果你賣的是產品，是一買一賣的交易方式，這種情況還好，但如果是一些交易流程比較長，交付方式比較複雜的產品，例如是裝修工程、保險

等等，這些牽涉細節比較多，交付期比較長的買賣，雙方很多時因為過於信任，而忽略了買賣的細節，結果出現很多紛爭，但是問題未必出自買賣其中一方，而是可能雙方也有問題，因為太熟悉而忽略了細節。

## 陌生人生意更好做

相反地如果客戶是陌生人，他對你的信任未至於不問情由地購買。所以他會詳細地了解交易各項的細節，而你亦因為跟他沒有任何關係、沒有感情，所以會以專業獲取信任。這種做法可避免在交易前，因對產品了解不足而造成的售後風險，對買賣雙方都有好處。

## 被友情價摧毀友情？

做熟人生意另一點要注意的是定價。好多人找熟人買東西時，都會詢問有沒有折扣，即是所謂的友情價。友情價這種做法本質上是沒有問題，但要小心在朋友眼中，友情價會否成為一種必然，通俗點說便是「老奉」。對方會否感恩你的慷慨？即使你給友情價也好，也要讓朋友知道，你的產品是很有價值的，只因為你們是朋友，你重視和朋友之間的關係，所以才收取友情價。

例如你是一位網站的設計師，有朋友找你設計網站，向你要求友情價，你不介意給予友情價，但又想顯得自己有價值，你可以這樣回答：「其實我們手上有很多項目，不過大家這麼熟，少賺一點也沒所謂，但如果製作時間長一點你可以嗎？」通常對方不會拒絕。結果雖然你少賺了一點，但對方都要付出更多時間，他不會認為這是「老奉」。

　　還有一點要留意，這是友情價的延伸。當你做朋友生意，提供友情價，你要做好心理準備，即使你的朋友付出友情價，他對你的要求依然是十足。千萬不要有一個心態，就是我收了友情價，你不能要求多多，這是一個雙輸心態。首先你收到的錢少了，所以輸；第二是對方得不到合理的產品和服務水平，也是輸，更有機會傷害感情。你會覺得對方要求過高，對方又會覺得原來你也不是很在行。所以做熟人生意時，即使收取友情價，你也要有心理準備，給對方提供十足服務。

　　你不難發現，做熟人生意的困難在於利益和情誼之間的平衡，若一個以情誼角度出發，另一個從利益角度出發，大家便會出現矛盾。相反陌生人生意比較單純，大家都是從利益角度出發，即使無法達成交易，也只是客觀條件問題，並不涉及個人情感。所以做熟人生意時，為免傷及感情，我會更加清晰地交代合作條款，亦必定會簽訂合約，必要時寧可放棄一宗熟人生意，也不要因為一宗生意而傷及跟熟人多年的感情。

# 地球人無法抗拒的銷售技巧

　　有一次上課時，學員問了我一條頗有智慧的問題，分享給大家思考一下，看看大家怎樣回答。這位學員問：「世界上有多種人，男人、女人、不同年齡的人、不同經濟能力的人、不同學歷程度的人，真的有一套銷售技巧能套用在任何人身上，而且真的有效？」這個問題是否高深？我先預告我的答案，無錯！是可以的！銷售技巧能套用在任何人身上，不論你的性別、年齡、種族、教育程度，都一樣適用，關鍵你要掌握一種事物。

　　要解答這條有智慧的問題，也需要一個有智慧的答案。我先打個比喻，以賭博為例，世上有不同形式的賭博，賽馬、廿一點、百家樂、麻將、德州撲克等等。賭博表面形式不同，背後原理一樣，是一個計算或然率的遊戲。不同的賭博形式，只是有不同因素影響或然率，支配賭博的終極原理依然是或然率。因此你明白或然率，便明白賭博。

　　回到銷售，如果你認為一套銷售技巧，不能夠套用在不同人身上，只是因為你不明白，銷售背後的終極原理是什麼。如果你明白這個原理，莫說向不同人銷售，就算不同產品、不同

服務，銷售方式都是一樣。這個原理很簡單，兩個字：人性。

人性便是銷售的終極原理，想銷售做得好，一定要了解人性。當然人性是一套很深的學問，這裏我舉出三個人性最基本的原則，只要你的客戶是地球人，這些原則都可以套用在他們身上。

## 第一個人性原則：趨利避害

任何人做任何事，都是希望為自己獲取利益或遠離痛苦。當你做銷售的時候，你必須知道對方面對什麼困難，或者有什麼目標想達成。你的產品只是為他達成目標，或者解決問題的工具。客戶從來不需要你的產品，他只需要達成自己的目標，或者解決自己問題，這就是人性。

## 第二個人性原則：喜歡被了解

各位讀者可以問自己，你是否希望有一個很了解自己的人在身邊？我猜應該沒有人不想吧，這就是人性。你最想對方了解你什麼？了解你的工作、居住地方、興趣、嗜好？全都不是！你希望對方了解你的想法、了解你的感受，所以做銷售的時候，多點了解對方的想法、感受，可以幫助迅速獲得客戶的信任。客戶不是需要一個了解產品的人，而是需要一個了解自己的人！

## 第三個人性原則：人的行為是基於情緒而非邏輯

曾經有人指出，80% 的購買決定是基於情緒，只有 20% 是基於邏輯，但不少銷售人員，由於過度熱愛自己的產品，所以在銷售時不斷講解產品的優點和功能等等，期望以邏輯和理性說服客戶購買，但這顯然是違反人性的。所以當你做銷售時，尤其在銷售早期階段，不要過分集中在資料數據的講解，應該先以第一個人性原則，趨利避害的角度出發，塑造購買情緒，當購買情緒被激發後，才講解資料數據，這才是符合人性的做法。

人性這個複雜的題目，當然不是以上三個原則便能講解。但你會發現，以上三點，正是不論你面對任何形式的客戶，都可以套用的原則。如果你想提升自己的銷售能力，應多點了解人性！

# 不著痕跡的拍馬屁技巧

　　拍馬屁，即是廣東話俗語的「擦鞋」，是一種技術含量高的行為。拍得好，對方如沐春風；拍得不好，太刻意，惹對方反感，甚至對你有戒心。因為對方感覺你刻意討好他的時候，會懷疑你背後有什麼目的，反而對你更加防範，結果弄巧反拙。但拍馬屁這項技能確實重要，尤其對於一些做生意、做銷售的人，每日要面對不少客戶、合作夥伴。說話好聽一點，令客戶留下好印象，將來對你自己亦有幫助。拍馬屁的正確方法是如何？如何拍馬屁得來不著痕跡，令對方從心底喜歡你？

　　接下來我會由淺入深，講解三種正確的拍馬屁方式。

## 由主觀變成客觀

　　第一個是最容易，最簡單做到的，便是將你想讚美其他人的說話，由主觀變成客觀。

　　例如你想讚美一個人漂亮時，你直接講：「你今天很漂亮！」

　　這句說話從你主觀角度講，對方有機會認為你這句讚美過於刻意，而且對於一些害羞的人來說，主觀性的讚美是比較難開口。

但如果我們將這種讚美，轉為客觀的角度，效果便會不一樣。

例如你可以說：「有人告訴過你今天很漂亮嗎？」這句說話並沒有從主觀角度講，對方沒有感覺你想主動刻意討好自己。同時亦因這是客觀的說法，即使是一個害羞的人，說出口也較容易，只要你將想讚美的事情，加上「有人告訴過你嗎？」就可以了。

例如「有人告訴過你今天的衣著很適合你嗎？」、「有人告訴過你口才很厲害嗎？」、「有人告訴過你很像某某明星嗎？」。

請放心，即使對方從來沒有聽過這些說話，他的內心已認定你在讚美他。

## 引蛇出洞

第二種拍馬屁方式，適合一些身份地位比你高，一句半句讚美說話很難被打動的人。例如一位企業家，他每日要接受的讚美已經很多，就算你用不同形式讚美他，他都不會有太大感受。取而代之可以怎樣做？我稱這種方法為「引蛇出洞」，只是一條簡單問題，但是威力無窮。

這條問題便是：「陳生，今天你的事業如此成功，當日你是如何開始的？」下一步對方會跟你慢慢分享幾十年來的奮鬥史，過程之中你只需要認真聽，點頭就可以了。當他說完後你回應一句：「原來你付出如此多，才有今天的成就，我真的很佩服你。」

謹記，面對對等或由上而下的關係，你可以欣賞對方，但如果對方比你地位高，就不可以用欣賞，而是用佩服。雖然你沒有講過一句奉承的說話，對方也一定對你留下好印象。

## 以偶像特質來讚美他

第三種拍馬屁方式，要留意你想拍馬屁的人，有沒有崇拜的對象，例如明星或偶像。如果有，了解一下該偶像的人格特質是什麼，再讚美他擁有這個人格特質。

人為何會有偶像？偶像做到一些我們很想做到的東西，偶像是我們慾望的投射。你讚美他擁有偶像的特質，這般讚美可以進入他內心深處。例如你想拍馬屁的人很崇拜美斯，美斯的人格特質是重視團隊精神，重視每一位隊友。當你想拍馬屁時，你可以從這些角度出發。

大家必須留意一點，拍馬屁的技巧是美化我們的說話、用詞，對方的確擁有這些優點，我們只是用令對方容易接受的方

式去讚美，但不是巧言令色去虛構說話內容，從而討好別人。
而且這只是你跟客戶建立關係的第一步，你的專業能力、誠信、
責任心等等個人素質，才是你跟客戶長遠建立良好關係的關鍵。

# 3 種銷售語言藝術，
# 令壞消息變好消息

先分享一則在網絡上流傳了很久的笑話，話說有一對孿生兄弟到同一間小學面試，他們面見同一位老師，回答相同問題，結果哥哥被取錄，弟弟卻被淘汰了，媽媽知道結果後很好奇，他們面試時是怎樣回答問題的，便向兩兄弟詢問，結果令媽媽哭笑不得。

老師問：你爸爸做什麼工作？
弟弟答：我爸爸是地盤工人。
哥哥答：我爸爸和李嘉誠合作發展地產項目。

老師問：你住在哪裏？
弟弟答：我住在大坑東的舊樓區。
哥哥答：我住在九龍塘附近。

老師問：你怎樣來到學校的？
弟弟答：坐巴士。
哥哥答：有司機載我們來的。

以上故事純屬虛構，旨在帶出說話是一種藝術的觀念。為什麼是藝術呢？因為同一個人，同一件事，用不同的說話表達，會得出不同的觀感，得出不同結果。銷售的過程之中，也離不開說話。有些說話直接講和有技巧地講，可能會令一個客戶由不成交變為成交。本篇我會跟大家分享三種銷售時的語言藝術。

## 探詢客戶預算時

無論你是做銷售員還是客人，你也一定被問過一條問題，就是「你的預算是多少？」。對於銷售人員來說，這個問題是非常合理的，因為我要知道你有多少預算，我才知道有什麼適合你，對不對？但是在於客戶的角度，這條問題有時也很難回答。因為回答一個高預算怕自己承受不到，但回答一個低預算又怕被人小看，所以結果可能客戶未必會如實回答你，你便不能掌握客戶的真正狀況。

我們可以嘗試將這句說話改一改，令客戶更加容易回答。我們可以問：「哪一個是令你舒服的價位呢？」有沒有留意兩條問題的分別？第一個問題關心的是你有多少錢；第二個問題關心的是你的感受。你喜歡別人關心你有多少錢，還是喜歡被人關心你的感受呢？相信一定是後者。你這樣發問，客戶會比較願意坦誠地回答你。

## 探詢對方是否決策者時

另一個做銷售時想知道的事情，就是眼前這個人是否決策者。尤其是一些 B2B 的銷售上，可以和決策者直接討論當然是事半功倍。問題是你不可能直接問對方「你是否決策者？」這樣問很有冒犯性，所以我們要運用語言藝術，換另一個角度去發問。

例如我們可以問「這件事你會參考什麼人的意見呢？」又或者「你們做決策的時候，有什麼人會參與呢？」等等。在他的答案之中，你就會知道他在這件事上，是否是決策者，或者他對決策者的影響力有多少。但注意這條問題在 B2C 銷售上，基本上是不需要發問。因為如果你面對的是消費者，多數情況你可以假設對方已經是決策者。

## 要交代壞消息時

在講第三個銷售的語言藝術之前，先講一個大家經常會講的詞語，這個詞語會不知不覺間摧毀了銷售，令一位客戶由明明很想購買，變成不想購買。這個詞語就是「但是」。

假設一位客戶對你的產品很有興趣，然後你告訴他，這件產品很多人喜歡，但是現在沒有存貨。客戶聽完這番說話之後，購買熱情立即冷卻。原因是「但是」這個詞後面接著通常都是

壞消息，聽完壞消息，購買的情緒自然會降溫。如果不想出現這種狀況，我們又要如何處理呢？

我們應該用另一個詞語去代替「但是」，試試看用「只要」套用在剛剛的句子，正確的講法是：「這個款式很多人喜歡，只要你願意等一個星期，你也可以擁有。」

「只要」這個詞語給人的感覺是萬事俱備，只欠東風，距離達成目標只有一步之遙。這句說話講出來的時候，感覺是很積極很正面的，而不是要打擊客戶的購買意欲。所以大家記得要用「只要」去代替「但是」。

購買是一種情緒化的行為，當你的說話令對方感受良好時，自然容易決定購買。但千萬不要把包裝和虛構混為一談，語言藝術是把事實包裝得積極正面，而不是巧言令色地虛構事情，例如產品的缺點是不耐用，我可以接受銷售人員把這些缺點淡化，甚至把缺點演繹成優點，但是不能欺騙客戶這是一個耐用的產品。我反對任何不誠實的銷售，這是所有銷售人員不可逾越的底線，成交雖然重要，但人格和誠信更加重要。

# 想成交，
# 絕不能講「這個字」

在成交技巧上，大家應該聽過有一招叫「選擇式成交」，即推銷員給產品 A 和 B 讓客戶選擇。客戶無論選擇 A 或 B 都是成交，這種成交手法直接跳過客戶買或不買的決定。因為當客戶要說出一個「買」字，需要承受一定壓力，所以你如果跳過這項，讓他在兩個選項中選擇，成交便容易很多。以上這種成交方法完全正確，但如果我們面對一種情況，你只能給予客戶一個選項時，你又可以怎樣做，去減輕客戶的成交壓力？甚至當你提出這個唯一選項時，令客戶不買的壓力比買還要大？

在 2023 年末時，趁著小孩放假，我們一家人到了四川旅行。我們報名參加了當地的旅行團，參觀了一些國家級的景區，例如九寨溝、黃龍景區。當我們一團大概三十人，坐著旅遊巴準備進入黃龍景區時，導遊告訴我們將會有一個預防高原反應的講解。黃龍景區的海拔大概三千至四千米，在這些高海拔區，因為空氣含氧量低，有些人會產生高原反應，會出現頭痛、呼吸困難等症狀。

接著旅遊巴便停了下來，有一個人上了車，開始講解高原反應的成因和後遺症等等，如果我們想預防高原反應，可以服用他們的口服液，這些口服液的售價是一百元人民幣一支，說到這裏他便開始向我們兜售，但當時的場面有點尷尬，因為沒有人要購買。情況好像篇首提及，現在他只有一個選擇給客戶，客戶只能從買及不買之間做選擇，但要客戶開口說買，是一件困難的事情，因為他們要承受很大壓力。

## 改變策略，成交由 0 變 10

但這位口服液推銷員馬上改變策略，令她由零成交變成十個成交。她見形勢不對，就以我們這團人預防意識比較弱為理由，重新講解一次高原反應帶來的傷害等等，重點是講解完結後，她走到我們每一位團友面前逐個擊破。她走到你面前時，提出成交的問題並非買不買，而是問你會不會作出預防。

留意到分別嗎？如果他問你買還是不買，你可能依然會回答不買，但他問你預防還是不預防，在講解了很多風險後，一般人很難回答他不預防。改變了發問方式後，不成交的壓力大過成交，因此他跟很多客戶成交了。

## 由「付出」變「收獲」

　　將這個案例套用在大家身上，當你想成交客戶時，用其他詞語代替「買」這個字。購買是付出，令客人感覺不舒服，所以你要將他思考的方向，由付出轉移到收獲。在這個故事裏，預防便是收獲，如果前期刺激需求做得足夠，人是很難拒絕自己的收獲。

　　如果你是一位保險人，你不要問客戶買不買這個計劃，要問他想不想獲得這一份保障；如果你是賣按摩椅的，你不要問客人買不買這台按摩椅，你要問他想不想下班回家後享受按摩；如果你賣健身室會籍，你不要問他買不買這個會籍，你要問他想不想變得更加健美，更加年輕。

　　最後大家可能會問，我到底有沒有購買口服液？我沒有購買，原因是我會作出預防，只不過我不會以她的方式預防。景區山腳是有休息區的，有暖氣，有茶水，有梳化，遇上身體不適可以在那邊休息，而且我曾經去過西藏，海拔五千米也沒有事。

　　再提醒大家一次，當你想向客戶提出成交時，謹記要將「客戶的收獲」代替「買」這個字。

# 進階技巧
# 拆解「我考慮一下」

對銷售人員來說，其中一個最難拆解的問題，就是當客戶回答「我考慮一下」之後，你如何回應？過去我也曾經分享這方面的教學，隨著我的教學經驗越趨豐富，對於如何拆解「我考慮一下」，我有新的方法。

人性的基本原則是趨利避害，任何人做任何事，都希望為自己獲取利益，或者遠離痛苦。這兩種力量彷彿一種是推力，一種是拉力！要處理客戶「我考慮一下」這個議題，首先了解這兩種力量。

你認為「趨利」、「避害」，哪一種力量較強大？先從結論說起，「避害」的力量比「趨利」強！背後的原因非常人性化，獲取利益雖然是人性，每人均想獲取利益，但即使沒有獲取利益，維持原狀，沒有變好總比變差來得好，因此趨利是可以等待的。

但痛苦剛剛相反，痛苦如果不解決，它會折磨你。在痛苦面前很難原地踏步，什麼都不做。舉個例子，如果一個人牙痛，

一定會想盡快找到牙醫，否則牙痛會一直折磨你。你是不可能一直維持原狀而不作任何變動。

相反如果一個人想洗牙，想變得更好，想獲取利益，沒錯這也是人性，但沒有迫切性，你今日不洗牙，下星期洗也可以，下個月也行，不變好並沒有任何代價，所以以推動一個人行動力來說，「避害」的力量比較強大。

回到銷售，購買本身是一個行動，驅使人做行動的力量亦是趨利避害。「趨利」的部分，亦是大家經常聽到的 Build Dream，為客戶建構一個買了產品之後的美好畫面。例如美容院，他們會展現一些客戶 Before 和 After 的圖片，目的是為客戶 Build Dream，令客戶見到未來的自己。自己也可像其他客戶般變得美好，這個便是人性趨利的本質，但即使現在不行動也沒有問題。

而「避害」則是客戶要為解決問題，解決痛苦而購買。再用美客院作例子，客戶因為皮膚問題而不能化妝，影響自己的儀容外觀，影響別人對她的觀感，所以她購買美容療程解決這個問題。相對於一個現時沒有問題，純粹希望變得更好的人，解決問題的購買動機更加強烈，所以銷售時如果只趨利不避害，即使客戶對產品有興趣，都不一定要即時購買，也有機會跟你說「我考慮一下」！

現在我們明白「避害」的能力更強，具體在銷售上可以怎樣做，為大家介紹一個非常強大的銷售策略，英文叫 Cost of Inaction，不行動代價。如果讀者們是一位家長，我相信你一定運用過不行動代價教育孩子，例如未做完功課不能打遊戲，當孩子不想付出這個代價，就意味他要行動。在銷售時運用不行動代價策略，意思就是如果客戶不作出任何行動，不購買會為他帶來什麼代價，懂得運用這一招，客戶很難跟你再說「我考慮一下」。

例如你是銷售美容療程的，你可以說：「你臉部的暗瘡已困擾你將近半年，這半年你已錯失不少姻緣、工作機會、很多客戶，如果這刻你仍要考慮，你是不是想繼續錯失這些機會？」

又例如你是銷售保險，你銷售扣稅年金產品，你可以說：「過去幾年，你因為沒有做合法扣稅的安排，而額外多繳一萬元的稅，如果這刻你仍要考慮，你想花這些冤枉錢花到什麼時候？」

例如你是一位濾水器的銷售人員，你可以說：「你在這單位已經住了三年多，你每天都在喝充滿雜質的水，如果這刻你仍要考慮，你想喝這些雜質水到什麼時候？」

剛才三個示範，感受是否很強烈？當客戶清楚自己不行動的代價，便會減少考慮。如篇首提及，避害的力量遠比趨利強

大，但前提是你要知道客戶正在付出什麼代價，所以一切又回歸到銷售的原點，就是了解客戶，一般銷售人員對「我考慮一下」這個異議束手無策，是因為他根本沒有了解過客戶的處境，所以在銷售過程中，了解人遠遠比了解產品更加重要。

# 臨成交時，
# 客戶要求你減價

　　相信大家都試過在正式成交時，客戶突然問：「可否便宜一些？並如果這個金額可以，便立即落實」面對這個情況，你會如何應對呢？

　　如何不用減價也可以成交，而且令客戶非常樂意支付原價？

## 時間的壓力，去迫使對方讓步

　　談判專家說有 80% 的讓步是在談判過程最後 20% 的時間裏發生的，因為面對時間的壓力，人是比較容易讓步。最常見的例子就是業主賣樓或放租，樓盤剛剛放出來時，業主接受還價的程度普遍會比較低一些，但時間長了，業主態度會軟化，因為時間帶給他壓力。

## 終點在望，很多時都會願意妥協

　　客戶在最後一刻提出減價，無非就是想令對方覺得只要在這一刻減價，就可以獲得這宗生意。說真的，這一招的威力其

實十分強大,因為只要客戶他提出的減價幅度,不是大得不合理,很多時我們做銷售的都會覺得算了吧,答應他吧。因為終點在望,很多時都會願意妥協。

## 以教練身份,用教育的方式去處理異議

分享某次一位客戶向我查詢培訓服務時,當我了解清楚他的情況、需要之後,我提供了一份報價給他,幾天後他打電話給我,告訴我價錢合理,當我們落實一些培訓細節,到正式成交時,他問我可否便宜一些?並說如果這個金額可以,便立即落實,但是因為在那一刻之前,其實我們已經在價錢上有了共識,所以我不想妥協,但如果我直接拒絕,大家又會很難下台,結果我運用了身為一位教練的身份,用教育的方式去處理這個異議。

我告訴這位客戶,我理解你想省錢的想法,這個也是人之常情,如果你現在要買一件產品,例如你想買一台相機,只要對方有減價空間,換作我是你,我也一定會全力爭取,因為即使價格低了,那台相機依然是那台相機,同一件產品,更便宜的價錢,當然要爭取。

但如果我買的是服務,我便會格外小心,因為付款之後我才會享用服務,而且服務水平是很視乎提供服務的人的心情,如果因為我想減價,而影響了對方的心情,服務水平變差,可

能最終損失的人是自己。舉一個例子，你會否和髮型師議價？就算他肯減價，你會不會讓他幫你剪頭髮？所以服務和產品之間，是有這種分別的。

## 知道自己的價值所在

對方被我這一有理有節的論述所說服，所以結果用原價去確認我們的培訓服務，這個故事想帶出的重點是，面對客戶時，我們要知道自己的價值所在。沒錯，錢在客戶手上，但不等於我們要處於下風，前提是你要知道你自己的價值。另外處理客戶異議，除了一些標準話術，例如先肯定後修正，即是先肯定對方的異議，再修正他的想法之外，更加重要的是你要比對方有更高的思維層次，教育他正確的觀念，從而令他的異議不攻自破。

也許你會問，我的培訓是否鐵價不二呢？當然不是，在報價的過程之中，討價還價是非常正常的，我這一個案例，是已經過了報價階段，即將成交時再提出減價，所以我才會有這個回應。通常在這個階段，議價的幅度不會很大，因為如果價格大幅偏離客戶的預算，他可能在報價階段已經議價，或者直接消失。臨成交時的議價，多數是出於心理因素，不是因為價格太高，而是抱著「慳得一蚊得一蚊」的心態，所以處理手法上，也是從客戶的心態著手。

# 4 個購買訊號
# 看懂 100% 成交

購買訊號，Buying Signal，這個詞彙大家都耳熟能詳，指當客戶想購買產品的時候，他會在動作、表情、眼神、說話，各方面釋出一些訊號。而作為銷售人員，我們必須有能力察覺這些訊號，否則你便白白錯失了一個潛在客戶交易的機會。本篇會分享四個常見的購買訊號，提升你的成交機會。

## 第一個購買訊號：沉思

當你看見客戶看著產品不說話，又或者托下巴、咬手指這些動作，代表客戶沉思中，他進入了一個自我對話的狀態。例如他會問自己：「產品是否適合？」、「有沒有能力負擔？」、「購買之後的風險？」當客戶進入沉思狀態，即是他認真地考慮要不要購買，所以這是一個購買訊號。

作為銷售人員，這一刻你要做的事，就是什麼都不要做，給予客人時間和空間去思考。有些銷售人員很害怕沉默，認為和客人面對面不說話便會很尷尬。所以當客戶沉思不說話時，他們便會講很多說話去打破沉默，但其實這樣做會消滅客戶的

購買訊號。因為他跟自己的對話還未完成，你便插嘴干預，他得不到結論便不會購買。這時你應該讓客人沉思，沉思完後如果他想通了要買便會購買。就算未決定購買也不要緊，他沉思完後說的話，必定和成交有很大關係。可能是他決定購買之前的唯一障礙，如果你解決到這個障礙，下一步便是成交，所以你一定要給客戶沉思的空間。

## 第二個購買訊號：身體接觸

常見於實體交易，當客戶和產品有身體接觸時，這亦是購買訊號。心理學上有一種現象，叫稟賦效應（Endowment Effect）。稟賦效應指出，人是主觀地認為，自己擁有的事物的價值較高一點，而擁有不一定指買了才算擁有。當人用雙手觸及一件物件的時候，他主觀意識上已經有擁有的感覺，他對於產品主觀價值亦會提高。

舉一個生活化的例子，你試穿過的衣服通常都會買，因為你試穿了，你主觀地認為已經擁有該衣服，所以很大機會購買。從另一角度說，如果你想刺激客戶購買的意慾，你應該製造客戶可以接觸產品的機會。

## 第三個購買訊號：思考購買後的問題

當客戶問你購買之後才會面對的問題，例如何時送貨、何時開始、有沒有保養、退貨、退款機制等等，如果出現這些狀況，即說明客戶準備好購買，因為如果產品不適合，他不打算購買，根本不需要考慮這些問題。另一種類似的情況，是他開始想像自己擁有產品後的情境。例如一件擺設可以放在家中什麼位置、買車後可以帶家人到哪裏玩樂，同樣都是購買後發生的事情。如果你發現客戶開始想像這些事，代表他已經想買。

## 最後一個購買訊號：議價

客戶議價也是一個購買訊號，當客戶問你有沒有折扣、能否分期付款、有沒有信用卡優惠時，代表他已知道自己在產品身上能獲得什麼價值，接下來要計算付出。這表明他已經認可了產品，甚至是認可了你，所以這是購買訊號。有些行業的推銷員，會以鼓勵客戶議價，來評估客戶的意向，如果你有購買或租用物業的經驗，你不難發現地產代理的口頭禪就是「還口價，幫你試」，一方面他要試探業主的底線，但同時他也在試探你的誠意。

如果發現以上購買訊號，銷售人員當然應該乘勝追擊，主動提出成交。但如果遲遲未見購買訊號該怎樣處理呢？大家可

以學習地產代理的手法，主動試探客戶的意向，當然不是每一個行業都可以用議價來試探意向，取而代之你可以問客戶希望何時開始、何時送貨等等購買後才要思考的問題，作為試探，也可以主動把實體產品交到客戶手上，觀察他看著產品的眼神、表情、手部的把玩動作等等作判斷。如果都沒有顯示出購買訊號，那就要回歸基本步，從了解需求、刺激需求開始，從頭做起。

# 我要爆數
## ——讓客戶瘋狂下單的關鍵

作者：東　尼
編輯：林　靜
設計：Anthony
出版：紅出版（藍天圖書）
　　　地址：香港灣仔道 133 號卓凌中心 11 樓
　　　出版計劃查詢電話：(852) 2540 7517
　　　電郵：editor@red-publish.com
　　　網址：http://www.red-publish.com

香港總經銷：聯合新零售（香港）有限公司
台灣總經銷：貿騰發賣股份有限公司
　　　　　　新北市中和區立德街 136 號 6 樓
　　　　　　(886) 2-8227-5988
　　　　　　http://www.namode.com

出版日期：2024 年 7 月
圖書分類：銷售／商務
ＩＳＢＮ：978-988-8868-64-3
定　　價：港幣 108 元正／新台幣 440 元正